钢丝绳弱磁无损检测

张聚伟　谭孝江　郑鹏博　著

科学出版社

北　京

内 容 简 介

本书针对传统钢丝绳电磁无损检测装置体积大、现场操作难、检测精度低等问题，设计了小型化、检测速度较快、检测精度较高的钢丝绳弱磁无损检测系统，能够实现钢丝绳断丝定量识别，为钢丝绳的安全使用和剩余寿命估计提供参考。本书主要讲述目前钢丝绳定量检测领域的研究现状以及存在的问题，并针对这些问题提出一些解决方案，包括以下内容：提出剩磁检测方法和非饱和磁激励检测方法，采用磁偶极子理论建立剩磁和非饱和磁激励下钢丝绳表面弱磁场分布模型，分析不同断丝参数对漏磁场的影响，并设计基于弱磁理论的检测平台；在漏磁信号降噪方面，提出基于压缩感知的小波降噪方法、基于集总经验模态分解的小波降噪法以及基于 Hilbert-Huang 变换(HHT)的降噪方法；将降噪后的漏磁数据转化为漏磁图像，对漏磁图像进行处理和特征提取，最后提出两种钢丝绳定量识别算法。

本书可以作为无损检测领域的研究人员及对钢丝绳检测感兴趣的工程技术人员的参考用书，也可作为高等院校电气工程、机械电子工程、检测技术等专业高年级本科生和研究生的学习材料。

图书在版编目（CIP）数据

钢丝绳弱磁无损检测 / 张聚伟，谭孝江，郑鹏博著. —北京：科学出版社，2022.6

ISBN 978-7-03-059721-2

Ⅰ. ①钢… Ⅱ. ①张… ②谭… ③郑… Ⅲ. ①钢丝绳−弱磁场−无损检验 Ⅳ. ①TG356.4

中国版本图书馆 CIP 数据核字（2018）第 262370 号

责任编辑：张海娜 赵徽徽 / 责任校对：王萌萌
责任印制：吴兆东 / 封面设计：陈 敬

科 学 出 版 社 出版

北京东黄城根北街 16 号
邮政编码：100717
http://www.sciencep.com

北京凌奇印刷有限责任公司印刷

科学出版社发行　各地新华书店经销

*

2022 年 6 月第 一 版　开本：720×1000　1/16
2024 年 9 月第三次印刷　印张：9 1/4
字数：159 000

定价：80.00 元

前　言

　　钢丝绳是工业生产、旅游、煤矿、船舶、起重以及日常生活中常见的必备承载用品。作为一种结构复杂、负重大的部件，钢丝绳在长时间大负荷作业下会发生磨损、断丝、疲劳等现象，这些都会使其负载能力下降，极易发生危险事故，引发巨大的财产损失和严重的人员伤亡，造成严重的社会影响。最早的钢丝绳检测方法是人工目视检测，目前还有许多地方仍然采用这种效率较低、耗时、不可靠的检测方法。而定量检测识别钢丝绳的损坏程度，实现钢丝绳剩余承载力的准确估计，是目前许多科研学者感兴趣的研究领域。

　　本书针对传统电磁检测装置体积大、现场操作难、检测精度低等缺陷，设计了小型化、检测速度较快、检测精度较高的钢丝绳检测系统，能够实现钢丝绳断丝的定量识别，为钢丝绳的安全使用和剩余寿命估计提供参考。全书共 6 章：第 1 章主要论述钢丝绳定量检测的研究现状，分析目前钢丝绳定量检测面临的主要问题和挑战；第 2 章提出一种非饱和磁激励下的钢丝绳检测方法，利用磁偶极子模型对钢丝绳断丝缺陷表面磁场分布情况进行仿真分析；第 3 章设计基于弱磁理论的钢丝绳检测平台；第 4 章讨论钢丝绳弱磁信号处理技术；第 5 章讨论钢丝绳弱磁图像处理与断丝缺陷特征提取；第 6 章讨论钢丝绳断丝缺陷的定量识别技术，提出两种钢丝绳断丝定量识别算法。

　　本书作者的科研团队在钢丝绳无损检测领域进行了多年的研究，书中大部分内容基于这些研究成果，其中许多内容来自相应的原创论文。作者所在的科研团队在无损检测领域承担过多项国家及省部级科研课题，相关的研究成果也在书中得以引用。感谢研究生王石磊、李继刚、卢世梁、李茜配合作者做了大量工作。全书由张聚伟设计实验及算法，谭孝江负责程序实现，郑鹏博负责测试，并由张聚伟负责统稿和校稿。

　　本书得到国家自然科学基金项目(U2004163)以及河南省科技开放合作项目(182106000026)的支持，在此表示感谢。

在撰写本书过程中，得到河南科技大学领导和同仁的支持和帮助，感谢史敬灼教授、毛鹏军教授、秦青副教授、于华副教授、孙立功副教授、黄景涛副教授、卜文绍教授等的大力支持，正是他们的帮助才使本书得以成稿。最后，感谢爱妻陈媛女士对我生活上的照顾，并在本书写作过程中给予鼓励。

由于无损检测技术和理论发展迅速，许多问题尚无法定论，加之作者水平有限，书中难免存在不足之处，恳请同行及读者批评指正。

张聚伟

2022 年 2 月

目　　录

第1章 绪 论

1.1 研究背景及研究目的与意义

钢丝绳是由一种具有自发性磁特性的碳素钢制成的,广泛应用于工业生产、旅游、煤矿、船舶、起重及相关领域。钢丝绳通常作为一种提升、牵引部件,具有以下优点[1,2]:①柔曲性好,可以在滚筒上缠绕;②承载能力强、抗压与抗拉力性能好;③局部小缺陷发生时不会发生骤断;④自重轻,可以稳定工作于各类恶劣环境中;⑤结构类型多样化,适用于多种场合。钢丝绳由绳芯和绳股组成,绳芯通常有金属芯(独立钢丝绳芯、钢丝股芯)、纤维芯(天然纤维芯、尼龙纤维芯)两种[1],绳芯的作用是减小股间压力和作为绳体支撑,纤维芯可以起到润滑、防腐蚀和存储润滑油的作用。

钢丝绳使用环境通常比较恶劣,而且工作时间长、使用强度高,因此在钢丝绳的使用过程中,容易造成锈蚀、磨损、断丝等局部缺陷。随着使用时间的延长,钢丝绳的锈蚀、磨损和疲劳损伤都会演变成断丝情况,而出现大量的断丝损伤后,钢丝绳的承受强度会下降。如果不能及时发现断丝情况并更换钢丝绳,钢丝绳将会整绳断裂,导致生产事故,危害设备安全和生命财产安全,从而造成巨大的损失和不良的社会影响。因此,自钢丝绳被使用于工业生产过程和国民生活中以来,其安全性能往往成为关注的重点。科学界对于钢丝绳的研究聚焦于在安全使用钢丝绳的情况下延长其在役时间。

资料显示,生产钢丝绳的作坊于 17 世纪中叶就出现在欧洲,其成品制作比较简单。1834 年,欧洲的奥鲁勃特制作出第一根钢丝绳,该钢丝绳是采用低碳钢丝捻制的,因此强度不高,承载能力差。经过 20

年的改进，钢丝冶炼中的焙炖热处理方法(由英国人詹姆斯·豪斯福尔在1854年申请发明专利，该技术以熔铅作淬火介质)被提出，这使得钢丝绳结构性能、承载能力和抗腐蚀性能都得到了很大的提升[2]。至此，钢丝绳开始被广泛地应用于工业现场中，早期的钢丝绳检测方法主要以人工目视法为主，通过人工经验对钢丝绳使用情况进行判断以确定是否报废更换。该方法易受表面油污影响，且无法实现在线检测和准确的定量判断；另外，受人工经验因素影响较大，可靠性与检测率较低，目前已经被淘汰。早期较常用的避免出现事故的钢丝绳安全保障模式为定期更换模式，目前许多地方为了保证绝对的安全性依旧采用该模式。但是采用定期更换模式，一方面强度损耗较小的钢丝绳被提前更换造成巨大的浪费，另一方面在钢丝绳的使用过程中，若钢丝绳偶然受到严重的损伤，却未能及时排除该险情将最终造成安全事故。因此，研究一种有效的检测办法对于钢丝绳的安全使用是非常必要的。本书的研究意义在于以下几方面[3]。

1. 保障钢丝绳在役安全

钢丝绳的使用前提就是其在役时的安全保障，只有保证了它在役期间的安全性能，才可以进一步研究、讨论生产成本的降低和系统维护的意义。钢丝绳在使用过程中不可避免地会出现断丝、疲劳、磨损和锈蚀等损伤，这些损伤的发生并长期积累最终将威胁到安全生产活动。钢丝绳发生断裂造成的后果非常严重，轻则致使生产设备、仪器损坏，重则造成人员伤亡。由钢丝绳断裂导致的生产事故时有发生。例如，2013年11月8日，国内某钻井平台进行水下日常维护检查工作，检查完毕后检查机器人回收过程中发生钢丝绳骤断，导致机器受损，1人受伤；2015年1月8日，75T场地班组在对泸州胡市收费站主拱桁桥进行翻身作业时发生钢丝绳当场扯断的事故，所幸未造成人员伤亡，施工现场的设备、构件也未发生损坏；2016年4月6日，某商贸综合楼在建设中使用的简易龙门架吊篮由于使用已经达到报废标准的钢丝绳，在使用过程中钢丝绳突然发生断裂,最终导致 1 死 1 伤;2017 年 3 月 9 日,黑龙江省龙煤集团双鸭山矿业公司东荣二矿副立井的多绳摩擦轮绞车在提升过程中钢丝绳突发断裂引发坠罐,造成罐笼中的 17 人被困。2010 年 12 月 29 日,美国缅因州滑雪场钢丝绳断裂,缆车中 200 余人被困空中,9 人受伤;2004 年 12 月 29 日,瑞士的雪朗峰索道钢丝绳断裂导致 53 名游客被困;2003 年印度发生多起索道钢丝绳断裂事故,致使 11 人死亡,近 50 人受伤。从国内到国外,钢丝绳的使用范围涵盖了吊装、电梯、冶炼、缆车、索道、煤矿以及船舶业,钢丝绳断绳事故时有发生,一旦发生断绳事件,将会产生严重的社会影响,因此,在役钢丝绳的使用性能、安全保障备受重视。

国内外为了避免断绳事故发生,对各个钢丝绳行业中钢丝绳的安全使用提出了一系列标准,其中包括钢丝绳的生产标准、验收合格标准、使用规范标准、检测仪器标准和报废标准。由于缺乏快速统一的检测评价标准,市场上已有的钢丝绳检测仪器性能并不能够满足众多工业应用环境的要求,此外,部分检测仪器的现场使用可靠性比较低,抗干扰能力差。因此,在很多生产现场中结合人工目视检查与定期更换绳体的办法成为主要的钢丝绳安全使用管理方法,但是依旧无法有效地减少突发性故障。研制出一种通用性强、检测准确率高、实时处理能力强的钢丝绳检测仪器,可以有效地避免钢丝绳在使用中发生断裂事故,从而保障相关生产活动的安全。

2. 降低钢丝绳使用成本

由于缺乏有效、可靠的钢丝绳剩余寿命预判手段,采用定期更换服役钢丝绳是一种常用的安全保障方法,但是该方法依旧无法避免概率事件导致的钢丝绳断裂,并且大部分被更换的钢丝绳并没有达到废弃标准,可以继续服役一段时间,因此造成了极大的浪费。美国研究人员对钢丝绳现场使用情况统计与实验室统计结果表明[4]:在役钢丝绳中,约有 10% 的钢丝绳有潜在断裂危险,性能状态表现为危险的只有 2%。在定期强制性更换的钢丝绳中,约有 70% 的钢丝绳不存在较大损伤或无损伤，这部分钢丝绳完全可以继续使用。日本的相关统计结果表明[4]：一半以上强制退役的钢丝绳承载强度可以达到新制钢丝绳的90%以上，相当于这些强制报废钢丝绳还未度过使用磨合期就被更换掉。对在役钢丝绳采取定期添加润滑剂、油脂等保养措施以降低钢丝绳锈蚀速度，同时采用科学的无损在线检测方法对钢丝绳进行性能测试，建立合理的报废时间制度，这样可以在很大程度上节省钢丝绳使用量，同时保证钢丝绳生产环境的安全可靠。

3. 在役钢丝绳的高效保养

服役钢丝绳必须有定期保养、检查制度，以保障其安全性，排除潜在的危险。除了依据表面润滑剂依附量来添加润滑剂，降低其锈蚀速度，还应该定期对钢丝绳的损伤状况进行检测。不同行业中的钢丝绳使用强度不一样，各国家也依据本国使用情况出台了不同的检测间隔明确要求，例如，对重大生产和要求高的煤矿行业需要实行日检，对使用率较低、使用强度较低的电梯实行月检，以及对其他行业进行周检、年检和不定时着重检测。目前，众多领域内的主要检测手段依旧以人工目视为主，这种方法的弊端体现在以下方面：①检测率低，人工目视法以视觉为主，触觉为辅，只能对钢丝绳表面损伤进行检测，检测速度慢，耗时长，工作量大；②要求检测人员具有较高的职业素质，需要对不同工作环境下的钢丝绳受损源头比较熟悉，并且对检测人员的训练周期较长，对钢丝绳的剩余强度判断需要依据检测人员的个人经验，具有很大的人为因素；③无法对钢丝绳的内部损伤和易受油污覆盖的小间距损伤进行检测，检测的可靠性不高。

采用仪器结合智能检测技术可以很好地克服以上缺点，全面提升系统的检测效率，保障检测的可靠性和连续性，减小断绳事故的发生率，提高生产效率，降低钢丝绳使用成本。一方面，在役钢丝绳所承受的负载是动态变化的，因此要求检测仪器进行在线检测时能够随着钢丝绳张力的变化对其剩余强度做出实时评估；另一方面，使用中的钢丝绳不同类型缺陷的积累导致钢丝绳强度不断降低，因此要求能够实时检测剩余钢丝绳强度,才能在事故发生前提醒操作人员更换钢丝绳避免事故的发生。实现钢丝绳在线无损检测,同时建立完善的钢丝绳寿命评估体系和科学的安全运行检测标准,为进一步无误地评估钢丝绳安全状态提供合理的指示信息,对目前已有的检测仪器进行进一步的小型化、实时化、智能改进化,确保服役钢丝绳的安全和可靠具有重要的研究价值。钢丝绳无损检测技术是一个跨学科的综合性课题,涉及电磁场、信号获取、信号处理、信号分析和模式识别等领域。钢丝绳无损检测技术的理论与技术研究成果也可以推广至其他相近的应用背景,如运输管道、油气罐和架设桥梁等,具有同样的指导意义和重要的应用推广价值。

1.2 国内外研究现状

1.2.1 钢丝绳无损检测的主要内容

钢丝绳损伤可由三个方面组成[5]:①金属截面损失(loss of metallic area,LMA),表现为内外部磨损、锈蚀、绳股断裂、绳径局部减小或绳径局部增大(由于绳芯畸变导致半径局部变化)等;②局部损伤(local fault,LF),表现为断丝、裂纹、点蚀、镀层开裂脱落、麻点、绳端断丝等;③结构损伤(structure fault,SF),表现为钢丝绳变形、股芯外露、股间隙不均匀、捻距不均匀、绳芯外露等。在钢丝绳的使用当中出现的损伤情况最多的为 LMA 与 LF,这两类损伤普遍存在于各种钢丝绳的使用中,并且相对于 SF 更难被人工目视法发现,因此在钢丝绳检测设备的研制过程中,以实现检测和定量化 LMA 与 LF 为主要目的。

钢丝绳缺陷无损检测技术包括缺陷的定位和定量分析两部分。其中缺陷的定位研究应该实现 LF 与 LMA 的周向和轴向精确定位;而缺陷的定量分析要实现缺陷的定量描述,如断丝数量、磨损面积、钢丝锈蚀量等。对于钢丝绳的定位问题,传统的感应线圈检测头只能测量得到钢丝绳表面轴向的磁通和,因而只能对轴向的缺陷进行定位,对于轴向同一位置的多个缺陷无法实现多损伤定位分析。采用成像技术可以很好地克服该缺点，可以通过射线照相、红外成像、表面磁成像、涡流成像、超声波成像和光学成像等方式来获取表面不同位置的缺陷响应，利用信号数据的处理与分析获取缺陷具体的周向与轴向位置信息。另外，实现钢丝绳剩余强度定量分析非常困难，原因如下：一方面，钢丝绳单一检测方法受其自身检测理论和检测技术限制，难以对钢丝绳多种类型的缺陷损伤实现有效的检测。另一方面，钢丝绳自身结构极其特殊且工作环境复杂，具体表现为[6]：①市场上没有统一结构的钢丝绳，而钢丝绳的捻制方法不同，检测获得的信号也不尽相同；②在役钢丝绳工作环境差，可操作空间小，对检测装置的便携性能要求高，同时背景干扰复杂，绳体表面通常也会因附着油污、泥沙等产生噪声干扰；③缺乏一种统一的缺陷评估标准，与不同的检测仪器厂商和钢丝绳的具体应用环境产生缺陷的方式相关，行业内没有统一的缺陷样绳制作标准，从而无法形成一致的评估体系。因此，只有对钢丝绳的制作、运输过程、形成缺陷源头、缺陷的典型类型具备全面的认知，才可研制出一种有效的检测机制，从原理上找到一种操作简便、结构简单、成本低、敏感度高的在线检测方法，并且进行相应的形成原理和实验结果吻合度研究，为检测方法提供相应的理论和技术支持，从而实现钢丝绳缺陷的定量识别，进行实时的钢丝绳在役状态监测、评估，避免断裂事故的发生。

1.2.2 钢丝绳无损检测及缺陷识别技术研究现状

查阅国内外关于钢丝绳无损检测的文献和相关专利标准[5]，已有的钢丝绳剩余强度和缺陷检测方法有十几种之多，其中具有代表性的方法可划分为电磁法、辐射法、声学法、光学法、力学法五类[7]。自从世界上第一台钢丝绳无损检测仪器于1906年由南非McCann和Colson研制出来[3]，经过国内外学者100余年的不断探索和研究已经有了不少成果。

1. 电磁检测法的发展与现状

世界上第一台钢丝绳电磁无损检测仪器采用交流磁化方式，首先将磁化线圈缠绕于钢丝绳表面，用钢丝绳作为电感铁芯，在钢丝绳的另一端缠绕上线圈进行互感检测，其设计原理如图 1-1 所示。当线圈在钢丝绳表面移动时，电感铁芯的金属截面发生变化，导致磁化线圈与感应线圈之间的阻抗发生变化，记录感应线圈中的动态感应电动势可以定性地表现出钢丝绳的 LMA 情况。由于该方法采用交流线圈进行磁化感应而被称为交流法[4]。这种方法由于集肤效应、现场安装烦琐和仪器发热等问题，很难投入到实际应用中。

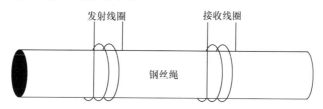

图 1-1 测量金属截面交流磁化装置

20 世纪 20 年代，漏磁通测量法被发展起来用于钢丝绳局部损伤检测。该方法是利用钢丝绳在外部磁场的作用下其磁导率变化和穿过铁磁性物质内部的磁通量变化特性而提出的，图 1-2 为铁磁性物质在外部磁场作用下，材料的磁导率变化情况和内部磁通总量的变化情况。

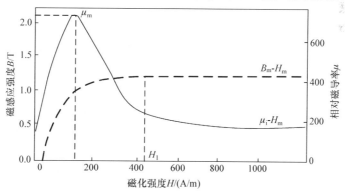

图 1-2 铁磁性材料磁化特性曲线

从图 1-2 中可发现钢丝绳在外部磁化强度小于 H_1 时内部磁场强度成非线性增加；当磁化强度大于 H_1 时，钢丝绳内部磁场几乎不再发生变化，此时钢丝绳内部磁场处于饱和状态，而在外部磁化强度小于 H_1 时钢丝绳内部磁场处于非饱和状态。钢丝绳内部磁场处于饱和状态时，若钢丝绳各处材质均匀相同,则当钢丝绳表面或者钢丝绳内部没有缺陷时,通过钢丝绳内部横截面的磁通量应该在轴向上处处相等;若有缺陷,由于缺陷处磁导率变小,磁力线会经过空气场再回到钢丝绳内部从而在钢丝绳表面形成了漏磁场,通过检测钢丝绳的表面磁场分布,可以检测到缺陷的分布。此方法是目前大多数钢丝绳电磁检测仪器的基本原理,其示意图可由图 1-3 表述。

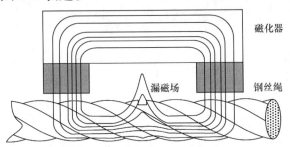

图 1-3　钢丝绳电磁检测仪器的基本原理

基于该原理,在钢丝绳表面形成的漏磁场与钢丝绳缺陷的深度、宽度和断丝数目之间呈一定关系。因此通过分析检测到的漏磁场分布情况,可以实现钢丝绳缺陷的定量检测。对钢丝绳表面漏磁场检测常用的探头包括感应线圈、霍尔传感器、磁通门传感器、磁阻传感器等。此外,磁化的均匀度和稳定性也影响到缺陷的检测和识别,因此,对磁化装置的研究也具有重要意义。

采用电感线圈进行钢丝绳表面磁通量的采集起始于 1919 年,Sanford和 Kouvenhoven 研究了单一方向绕制多匝线圈和多匝差动线圈检测信号的区别,发现差动信号具有更好的抗干扰能力,但是由于需要现场绕制,工程应用很难实现,而且感应线圈进行时空检测时受检测速度影响严重。因此,对钢丝绳进行检测时采用等空间采样可以保证采样输出不受检测速度影响。为了将线圈式检测用于工程实践,并节省现场绕制程序,分体式差动线圈于 1937 年被 Wormle 和 Miiller 发明并实现,三种不同的线圈式检测方式原理如图 1-4 所示[8]。其中图 1-4(b)与(c)是一种等效的线圈方式[8]。

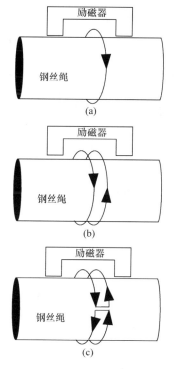

图 1-4　三种不同线圈式检测方式原理图

由于采用电感线圈采集钢丝绳表面漏磁通成本低、容易实现，其在钢丝绳无损检测上的应用得到进一步研究。Jomdecha 和 Prateepasen[9] 设计了一种分布式的印制线圈电路构成一个线圈传感器环，测量出表面漏磁场的径向分量、轴向分量和切向分量乘积，但其信号的输出是一维的磁通形式，对于周向 LF 无法定位和表述。Fedorko 等[10]设计了一对大小不一的感应线圈来对表面漏磁场变化进行检测，并利用有限元仿真分析了静态磁场分布。哈尔滨工业大学的赵敏和张东来[11,12]对基于强磁检测方法的钢丝绳典型缺陷漏磁分布进行了有限元分析，获得了漏磁场与检测距离、损伤径深、轴宽和内部断丝之间的关系，证明了检测距离并非越小越好；漏磁场径向分量峰峰值等于缺陷轴宽与检测距离之和；缺陷的深度和漏磁场强度具有线性关系等一系列结论。除了有限元分析方法外，磁偶极子也是一种简单有效的表面漏磁场分析手段，其优势在于简单、计算快速、数学解析直观。西安电子科技大学的时朋朋[13]在环形凹槽和矩形缺陷的漏磁场磁偶极子分析基础上,进一步给出了梯形凹槽、组合型等其他较为复杂缺陷断口的漏磁模型,并采用数值分析方法与仿真结果进行比对验证了模型的正确性,为钢丝绳漏磁检测提供了更为丰富的模型内容。为了将磁偶极子应用于漏磁检测的 3 维磁场建模中,Dutta 等[14]基于磁荷理论给出了铁磁性材料表面 3 维漏磁场模型,有效地对漏磁场特性进行了仿真,获得了同缺陷尺寸、检测距离和缺陷形状之间的联系,体现出漏磁场的切向分布和磁场的分布敏感参数,仿真结果表明切向分量是一个潜在重要检测部分,并依据漏磁检测受检测距离影响提出了一种克服提离距变化的补偿办法。Trevino 等[15]提出了一种改进的数值分析 3 维漏磁场模型用于钢丝绳表面断裂检测,该模型是在文献[14]磁偶极子模型的基础上完成的,且在饱和磁化强度条件下进行。在该条件下给出了缺陷表面磁荷的数学描述,其特点是磁荷的大小和符号是由磁化向量和缺陷局部法线向量决定的,这种改进模型采用了两个参数来描述法线向量,可用于缺陷的宽度漏磁场分布分析,并与传统磁偶极子和有限元分析对不同形状的缺陷漏磁场的分析进行了对比,结果表明该模型更符合实际。传统的漏磁检测是基于饱和磁化的,其原理为:若非缺陷部件均匀对称则其内部磁场密度相等,一旦表面或内部有缺陷出现,缺陷处空气场磁导率远小于铁磁材料,为了保证材料内部磁场密度相等,一部分磁感应线只能穿过空气场回到材料内部[16]。为了进一步解释漏磁检测原理,华中科技大学的 Sun 和 Kang[17]从磁折射的角度解释出以往钢丝绳缺陷在工程中产生漏磁场的机理,同时发现了钢丝绳缺陷检测中还隐含了不同于传统漏磁场分析的信号分量,该信号分量是由突出缺陷所产生的。针对煤矿两头固定以及类似无端的钢丝绳部件在无损检测中装置安装不便、在线检测难的问题,Sun 等设计了一种基于 C 形线圈并且能够控制磁化强度的检测装置,该装置采用无磁轭结构的开放式磁化方式[18],并经过仿真和实验验证了该方案的优越性[19];然后对缺陷的定量描述进行了研究,针对传统峰峰值作为主要的参数评估缺陷,提出了多种漏磁场信号特征来评估缺陷状况,进一步克服了传统评估体系的局限性，结合 ANSYS 有限元分析和实验结果获得了漏磁场特征与缺陷参数之间的关系[20]。

　　采用集成传感器阵列对钢丝绳表面漏磁场进行检测，可以实现缺陷的周向和轴向定位，从而分析出缺陷属于集中断丝还是分散断丝，进一步对钢丝绳损伤情况进行精确判断[21-27]。霍尔传感器是根据霍尔效应制作而成的具有双极性输出的磁场感应器，霍尔传感器不同于感应线圈，其输出电压与其所处磁场强度有关，在其线性变化范围内，霍尔传感器的输出电压和所处磁场强度一象限、三象限成正比。因此，在钢丝绳表面漏磁场检测中，将霍尔传感器以不同方式安装可以分别测量出漏磁场的径向分量、轴向分量和切线分量。将霍尔传感器沿钢丝绳周向均匀分布构成一个环形传感器阵列，可以获得漏磁场的二维分布信息。检测结果可以清晰地描述出钢丝绳缺陷的周向和轴向分布情况，因此采用霍尔传感器有效地提高了检测分辨率，实现了钢丝绳缺陷的周向精确定位，并对钢丝绳缺陷的定量分析提供了更多可靠的信息[23]。Tian 和 Wang[28]将有限元分析方法应用于钢丝绳漏磁场分析中，提出了一种将磁芯放在磁柱中以提高缺陷间隙漏磁场强度的励磁方法，并设计出一种采用霍尔传感器阵列的强磁检测系统。王红尧和田劼[29]针对小缺陷漏磁强度弱的问题，使用有限元分析法对钢丝绳的聚磁进行研究，提出了在聚磁柱上使用聚磁环进行励磁的方法，提高了细小断丝的漏磁强度，设计出采用霍尔元件作为检测单元的强磁检测系统。Xu 等[30]设计了霍尔传感器阵列对斜拉索的漏磁场进行在线实验检测，获得了钢缆内部人工损伤的漏磁场分布，并对三种不同滤波算法进行了对比。Gao 等[31]采用霍尔传感器设计了一个强磁检测仪器，研究了钢丝绳缺陷在不同拉力作用下对表面漏磁场分布情况的影响，结果表明缺陷磁场的宽度和钢丝绳所受拉力成正比。为了提高在石油管道检测中霍尔传感器的检测灵敏度，提升检测信号的强度，Wu 等[32]在传感器与检测面之间采用铁磁性材料替代传统的非铁磁性材料支撑部件，提出基于 Hopkinson 效应的传感器磁感应方法来提高传感器敏感面的磁场密度，并通过数值分析仿真了该铁磁性支撑部件的磁通情况,提高了系统检测灵敏度,并通过实验进行了验证。磁阻传感器具有比霍尔传感器更高的磁敏感度,因此华中科技大学的周郁明[33]在对比后选用磁阻传感器来测量钢丝绳表面巴克豪森效应所引起的漏磁场,系统从硬件和软件两个方面进行了降噪研究,检测出钢丝绳缺陷的漏磁信号,对比研究了傅里叶、短时傅里叶以及小波分析对信号的分析应用和降噪性能。

磁化器是钢丝绳漏磁检测系统的重要部件,不同的励磁结构、磁化回路都会产生不同的表面漏磁场分布,并且其结构和空气场间隙都会影响到钢丝绳内部磁场强度的饱和度。为了解释磁化机制,使钢丝绳磁化均匀获得更加可靠的漏磁场信号,对于直径较小的钢丝绳常常采用永磁体作为励磁磁源;但对于大直径钢丝绳,如桥梁斜拉索,永磁体磁力不够,如果进行级联会导致磁化装置体积和重量大幅增加,从而通常采用电流磁化办法。基于强磁的漏磁检测方法都需要将整个钢丝绳局部均匀磁化至饱和,或添加偏置磁场,采用隧道式磁阻传感器检测偏置脉冲磁场效应,从而检测出大直径钢管内、外部缺陷[34]。Sharatchandra 等[21]设计了一种鞍形结构线圈磁化装置,而 Jomdecha 等[9]改进了传统电流励磁装置,使装置励磁强度可通过调节励磁电源和接入线圈来实现。通常采用永磁铁作为励磁磁源的装置都需要设计磁轭结构,即设计一种马鞍形励磁装置:以纯铁作为磁轭,磁铁分布于两端构成引导磁回路,采用多个对称结构使得钢丝绳被磁化均匀且饱和[10,19,30,35,36]。Wang 等[37]研究了钢丝绳漏磁检测中不同提离距和不同励磁空气间隙对检测精度的影响,设计出可抑制提离距波动的励磁装置并改进了检测装置的结构。Xu 等[30]研究了励磁结构模型,建立了励磁结构尺寸设计标准,通过数值求解定出理论尺寸,用有限元分析验证理论尺寸并做出调整。宋凯等[38]对 U 形磁轭中采用交流磁化是否会引起涡流扰动场进行了研究。采用有限元分析方法对基于直流励磁的方法进行了建模仿真分析,得出了裂纹漏磁场的强度,仿真结果表明,裂纹的漏磁场轴向分量与励磁频率和励磁强度无关。同济大学的李万莉等[39]针对钢丝绳不同缺陷类型设计出一种适用于检测 LF 和 LMA 的磁化器，根据磁化强度对两种缺陷类型漏磁场信号的影响选择合适的磁化量，计算出相应的磁化回路等效模型，将理论计算和磁化器结构参数设计相结合，分析不同结构参数对磁化影响从而得到了合理的磁化结构，结合有限元仿真进行结构参数的调整，最终获得了合适的磁化器结构参数，提供了两种缺陷的磁化定量方法。

在漏磁检测方法中，除了以上采用传统强磁通将钢丝绳磁化至饱和状态使缺陷处产生泄漏磁场，利用磁通门、感应线圈、霍尔传感器等元件捕获钢丝绳表面漏磁场分布，通过信号的分析得出缺陷位置及缺陷大小的方法外，随着传感器技术的提升和制作工艺的改进，对微弱磁场的探测变为可能，因此利用地磁或是钢丝绳的剩余磁场等方式来进行钢丝绳检测引起了众多学者的注意。采用弱磁检测技术可以使装置体积和重量减小，系统的检测灵敏度提升，武汉理工大学的艾丽斯佳[40]仿真分析了弱磁场下钢丝绳不同断丝的磁场特性，包括单断丝表面、亚表面和外层多断丝三个情况下漏磁场的分布情况，并采用有限元分析进行建模仿真，发现铁磁性材料在地磁的作用下自身具有一定磁场，最后采用多路弱磁传感器检测出磁场信号，并采用小波进行降噪，验证了非激励下检测缺陷的可行性。河南科技大学的赵雁[41]在弱磁传感器的基础上提出综合分析磁场矢量的方法来实现探伤，并将检测系统进行了模块化划分与设计，使系统具有良好的便携性。对弱磁场的研究，随着高灵敏度霍尔传感器的出现，利用地磁场或人工弱磁场的铁磁性构件检测成为可能，张卫民等[42]设计了多通道霍尔传感器的弱磁检测装置及信号处理电路，利用人工神经网络和智能算法对采样点进行拟合逼近缺陷，实现参数定量化检测分析。

近年来，基于铁磁性物质磁致伸缩效应的检测技术在各类铁磁性材料部件的缺陷检测应用中发展起来。磁致伸缩效应指铁磁性物质在外部磁场的作用下将会发生与磁化方向一致的伸长和缩短，改变外部磁化场，钢丝绳会在变化的磁场中形成轴向的机械振动，振动频率达到一定程度时会产生超声波；而超声波的接收需要依靠磁致伸缩逆效应，它同磁致伸缩效应刚好相反，即当铁磁性材料在外部磁化场中发生形变时，材料内部磁场将会发生变化。因此，当激发部位的机械波经过钢丝绳传递到接收端时，内部磁场将会发生变化，在接收线圈上产生相应波动[2]。图 1-5 为电磁超声法原理图，在超声波的传递过程中，钢丝绳若存在缺陷将会发生超声波反射现象，从而在接收端检测到缺陷回波，进而可对钢丝绳中的损伤情况进行分析[43]。

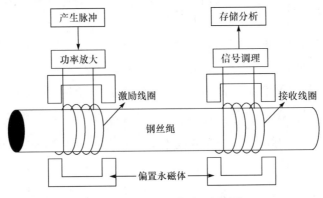

图 1-5　电磁超声法原理图

电磁超声法是一种新型的铁磁性物质无损检测方法，它具有检测速度快、可测距离长的优点，同时传感器方式又具有能通过控制适当的提离距，以非接触的方式对铁磁性物质进行检测的优势，在众多检测场合中具有发展潜力。虽然电磁超声法的导波在较长距离下的衰减很小，但是该衰减的定量检测并未实现，因此，Aoki 等[44]通过理论分析与实验结合的方式探索了导波在传播中的频率衰减特性，对比理论分析与实验结果发现，实验中的衰减比理论计算值更大。由于传统导波在管道无损检测中产生了色散特性，使接回波结果复杂，难以用于定量分析缺陷，而扭转导波具有理论上的非色散特性，尤其以基本的 $T(0,1)$ 为模式导波，使得检测结果能够很好地反映缺陷特性。Hill 等[45]改良了 $T(0,1)$ 导波发生器下的线圈，以一个单一曲流线圈取代以往的线圈阵列，使扭转模式的激励得到简化，并经过管道伤痕的检测实验验证了方案的可行性。为了提高电磁超声激发超声波的效率，Kang 等[46]研究了一种新型的电磁超声发生器装置,利用有限元分析方法与传统结构发生瑞利波的效率进行了对比,并通过实验计算得出,该装置可以将产生超声波的幅值比传统装置提高 90%。Nurmalia 等[47]研究了 $T(0,2)$ 导波在铝制管道中的检测应用,设计了相应的扭转波发生器和接收器,经过实验验证了装置对于回波的幅值和相角具有较高敏感度,并且相角对于定量检测更加有益。为了增加信号长度和提高检测信号精度,Thring 等[48]采用集合聚焦的方法研制出一种新型电磁超声换能器来检测钢丝绳表面裂纹缺陷,同时研究了钢丝绳表面缺陷在不同频率驱动载波时回波的幅值与频率变化,设计出四个线圈在永磁铁的激励下来接收回波信号,分析四个线圈在与缺陷轴向不同角度下的接收信号。Zhang 等[49]将 $T(0,1)$ 电磁导波应用于埋地石油气管道的长距离检测中,检测装置将柔性的磁化镍带粘贴在缠绕了线圈的管道表面,进而提供动态磁场。在现场设置检测桩,进而实现管道的在线定期检测,并储存下检测数据。

2. 超声波在钢丝绳无损检测应用现状

基于超声波的钢丝绳无损检测方法可根据声波的产生机制分为声发射法、超声波法和电磁超声法。图 1-6 为典型的超声波钢丝绳检测原理图,对钢丝绳发射出声波,声波沿钢丝绳传播,当声波经过钢丝绳缺陷处时会发生声波反射,声波接收采集端对回波进行采集分析后可以获取钢丝绳内部、外部损伤情况[50]。但是由于超声波的局限性,其相应的钢丝绳检测仪器还需要进一步改进和研究。

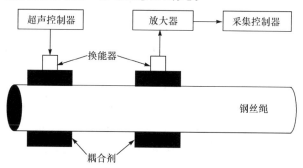

图 1-6　典型超声波钢丝绳检测原理图

当前众多超声波在钢丝绳上的研究成果仅限于在实验室条件下完

成，采用超声波法完成钢丝绳缺陷定量识别还有很多探索工作。为此，Raišutis 等[51]研究了超声波在钢丝绳内部传播的散射曲线，在此基础上，计算出超声波最佳的最大允许接收位置。其检测速度快的优势较为明显，但是抗干扰能力差，背景噪声强。Treyssède 等[52]研究了弹性导波在多股钢丝绳的传递特性，使用半解析有限元法和信号能量计算得到了螺旋钢丝绳的频散曲线，计算出最佳超声导波激励和接收部位。而Vanniamparambil 等[53]将超声导波、声发射技术和数字图像相结合，依据三种技术获得的特征进行融合实现无损检测。Xu 等[54]研究了使用不同频率的超声导波对钢丝绳缺陷的检测率，发现导波在钢丝绳中频率越高，能量衰减越快，弹性波的接收长度随频率增加而增加。Raišutis 等[55]研究了多种超声导波在钢丝绳绳股与绳芯间的传播特性以及对钢丝绳的渗透深度影响。

3. 其他钢丝绳无损检测方法

钢丝绳无损检测方法除采用漏磁法和声波法之外，还有其他一些检测方法，如光学法、射线法、涡流法等。光学法指采用工业摄像机，设计相应的光源系统、图像采集系统和处理系统来对钢丝绳表面进行拍摄成像。光学图像采集系统一般有两种方案：一种方案原理如图 1-7(a)所示，通过采集钢丝绳逆光成像，获取钢丝绳在役实时半径图像信息，应用对应的分析算法计算出钢丝绳的绳径变化进而判断其健康状况；另一种方案原理如图 1-7(b)所示，利用 CCD(电荷耦合器件)相机采集钢丝绳表面反射光，对表面进行成像，利用图像处理与分析技术对钢丝绳缺陷的信息自动提取。德国耶拿·弗里德里希·席勒大学的 Platzer 等[56]设计了一套基于机器视觉的钢丝绳缺陷自动识别模型，提出采用隐马尔可夫场模型对钢丝绳的缺陷进行定位，实验中采用维比特值作为图像缺陷的划分指标，避免图像被过度划分。结果表明该方法检测性能优于以往的时不变系统分类方法，在机器视觉自动化识别上取得了较大的成果。之后，Platzer 等[57,58]提出一种单分类法用于钢丝绳异常机器视觉自动化检测，经过线性预测对比不同缺陷图像纹理特征对于异常的敏感度来获取合适的成熟描述特征，将这些特征用于学习高斯混合无异常绳体模型。为了验证该方法的鲁棒性，设计了一个包含缺陷样本的训练集合用于模型学习，然后测试了不同的可识别结构的数据集合，准确分类精度高达 90%，取得了良好的实验效果。而 Wacker 和 Denzler[59]为了解决在钢丝绳铺设的过程中其特征参数的获取问题，提出了基于模型的绳体参数估计方法，采用理论矫正和 3 维绳体，嵌入到分析框架中利用基于图像的方法对钢丝绳重要参数进行检测，进而实现了绳体异常的定量等级可能性试验，在现场试验中取得了对安装中钢丝绳 1mm 的检测精度，并结合钢丝绳结构和表面场对钢丝绳异常检测技术进行研究。通过建立 3 维绳体模型同检测的视觉图像配准，建立起几何形状和检测面之间的联系，在没有光照参数和反射性能的条件下通过渲染方程解释表面形态，同时以密度作为表面变化参数并进行具有鲁棒性的表面缺陷定位，现场试验验证其精确度高达 95%，而报警错误率低于 1.5%[60,61]，为钢丝绳的精准铺设和监测提供了强有力的保障。

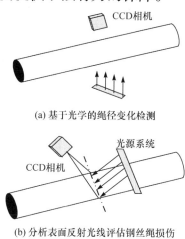

(a) 基于光学的绳径变化检测

(b) 分析表面反射光线评估钢丝绳损伤

图 1-7　钢丝绳光学图像采集系统示意图

　　采用射线法对钢丝绳进行无损检测是指利用放射性物质穿透性强的特点，可以透过铁磁性材料，在底片上获取钢丝绳的截面射线成像，由于钢丝绳表面或者绳体内部缺陷和非缺陷处对于辐射射线的吸收能力不同，从而在光片上可以清楚地发现钢丝绳内部与外部的缺陷损伤情况，图 1-8 为钢丝绳射线检测法中的系统一般示意图。李现国等[62]发现采用 X 射线对钢丝绳传送带进行照射成像具有规律性变化，提出了一种采用图像统计特征的缺陷自动检测方法。该方法将钢丝绳射线图像进行规整处理，对像素逐行计算出其改进正则宽度，并将同一帧图像的均值参数进行相减，利用训练所得阈值和差值进行比较，从而判断出区域内是否具有缺陷，该方法适用于在线检测，对故障信号敏感，检测结果非常接近实际故障区域外形特征。Peng 和 Wang[63]设计了采用伽马射线的桥梁斜拉索检测系统，该系统可以克服桥梁斜拉索表面防止氧化层的包裹导致无法直接观测验伤的缺点，同时将射线检测法同电磁检测法的斜拉索检测法进行比较，对伽马射线检测中钢丝绳曝光时间和灵敏度进行了研究，实际测量表明该系统可以提高桥梁安全性和评估保障能力。

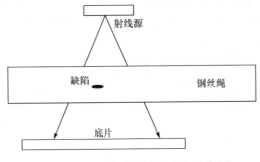

图 1-8　钢丝绳射线检测法示意图

　　还有一些关于钢丝绳缺陷检测的其他方法，例如，包括华东交通大学的曹青松等[64,65]采用涡流法对钢丝绳的表面、亚表面断丝磨损缺陷进行定量检测分析研究，同时对涡流法的检测理论和时空检测方法在钢丝绳的检测应用上进行了探讨，使得涡流法在钢丝绳检测应用中具有一定的理论基础。此外利用钢丝绳应力检测其破损情况的方法，包括传感器应力检测、三点法应力检测、股间距反推张力测量等方式，通过计算出钢丝绳局部张力的大小，从承载能力方面对钢丝绳的健康状况进行判断[66-68]。

1.3　钢丝绳电磁检测方法的问题和发展方向

　　钢丝绳无损检测技术中的多种方法已在1.2节中有了比较详细的介绍，通过对目前已有的检测技术的回顾，这些方法对于钢丝绳的检测各有其优缺点[2]。虽然已有传统的超声法实施简单、检测距离远，射线法成像直观、质量高，光学法表面图像直观和张力检测法直接获取了局部张力大小，但是这些方法的检测代价大和适用范围比较窄、设备维护代价高、抗干扰能力差。而漏磁检测方法具有更好的便携性、通用性，结合目前的高度集成技术，采用磁敏感传感器来获取钢丝绳表面漏磁场分布情况，对检测数据进行分析后可以很好地刻画出钢丝绳缺陷大小和缺陷特征。表 1-1 为所述几种钢丝绳检测方法的优缺点。

表 1-1 几种钢丝绳检测方法优缺点

检测方法	优点	缺点
感应线圈法	获取主磁通信号	信号和检测速度有关系，容易受磁滞影响
集成传感器法	检测速度快，装置安装方便、快捷	无法测量磁通，分辨率受制于器件尺寸
磁通门法	检测灵敏度高，检测具有定向性	噪声信号与目标信号混叠严重，处理困难
超声法	实施简单，单次检测距离远	抗噪声能力弱，只能测得单根钢丝损坏
射线法	成像直观，质量好	维护成本高，具有放射污染，设备成本高
CCD 相机法	输出钢丝绳表面图像，结果直观	容易受外部光线和表面泥垢影响
张力检测法	获取钢丝绳局部张力大小	结构复杂，制作要求高，可靠性不够

漏磁检测技术已经成为目前使用较多的钢丝绳无损检测技术，但是其依旧有值得探索的地方，例如，以往的强磁检测装置需要采用磁轭来形成磁回路使钢丝绳局部磁化均匀，而在实际中钢丝绳的使用会产生晃动使得磁化不均匀，并且传统强磁方法的检测前提条件是将钢丝绳磁化至饱和，对于大直径钢丝绳需要将磁化装置制作得足够大，同时需要大体积的纯铁作为磁轭结构使装置体积和重量急速上升。若采用电流法在大直径钢丝绳中进行磁化，装置的发热和耗能都比较高；此外，超声法具有背景噪声强，单次检测钢丝数量少的缺点，而

磁致伸缩和电磁超声法等需要现场绕制线圈,对于缺陷的定位和定量分析还难以做到,因此,本书针对这些方法的缺点探索一些新的方法进行钢丝绳的无损检测:①在已有的钢丝绳漏磁检测技术上实现钢丝绳检测装置的小型化、轻便化;②提出新的滤波算法将漏磁场信号中的噪声和目标信号分离;③采用图像处理技术对采集到的缺陷漏磁场信号进一步处理,实现缺陷的磁成像、缺陷图像分离、高分辨率图像的重建和缺陷图像的特征提取;④利用人工神经网络对提取出的缺陷特征描述作为识别输入,实现钢丝绳断丝数目的定量识别。

1.4　本书的主要内容

基于以上对已有钢丝绳无损检测技术的概述和未来的发展目标,本书利用钢丝绳的铁磁性材料特性对钢丝绳的断丝缺陷的检测方法、信号处理方法、图像处理方法、识别方法进行了系统研究。本书的研究内容主要包括以下几个方面。

(1) 为了克服以往强磁检测装置大体积、大重量、装置结构复杂和检测灵敏度低的缺点,本书提出一种基于剩磁的钢丝绳检测方法(剩磁检测法),采用高灵敏度磁传感阵列对剩磁信号进行采集,基于磁偶极子模型对钢丝绳表面漏磁场分布情况进行建模和仿真,通过数值计算给出简化模型。

(2) 虽然剩磁检测法不需磁轭结构,但是采用剩磁的钢丝绳检测装置需要将钢丝绳先磁化,其装置分为两个部分使检测流程比较烦琐,为此本书在剩磁检测方法的基础上提出一种非饱和磁激励检测装置,该装置具有更小的体积和重量,对比分析仿真和实测信号可看出非饱和信号的可靠性、信噪比高于剩磁检测法。

(3) 由于剩磁检测法所产生的表面剩余漏磁场包含较多的高频噪声,而缺陷处的漏磁场信号频率低,小缺陷处的信号响应小,传统的数字滤波法和降噪技术无法分离提取出缺陷信号,因此本书对滤波算法进行了研究,提出基于压缩感知的小波滤波法、基于 HHT 与压缩感知小波降噪相结合的降噪算法、基于集总经验模态分解(EEMD)的小波降噪算法等一系列降噪算法。

(4) 由于传感器的周向布局受制于传感器数目,因此,检测信号对于钢丝绳表面漏磁场检测存在分辨率不足的情况,进而成像质量受到影响,对缺陷的刻画不够细致,本书采用三次样条插值法对轴向分辨率进行提升。由于插值法并没有考虑到周围像素对中心像素的影响,因此,本书还提出了一种基于正则化的多帧图像超分辨率提升方法。

(5) 本书对缺陷漏磁图像的特征描述进行了研究,对缺陷图像的纹理特征、区域特征、不变矩特征进行提取,研究反向传播(BP)神经网络和径向基函数(RBF)神经网络在断丝识别方面的应用,并对这些特征进行逐个测试筛选,确定最敏感的图像描述特征,实现断丝数目的定量识别,最终在识别 1 丝误差情况下,达到 91.43%的识别率。

参 考 文 献

[1] 中国钢铁工业协会. 钢丝绳 术语、标记和分类: GB/T 8706—2006[S]. 北京: 中国国家标准管理委员会, 2006: 1-17.

[2] 赵敏. 钢丝绳局部缺陷漏磁定量检测关键技术研究[D]. 哈尔滨: 哈尔滨工业大学, 2012: 10-47.

[3] 谭继文. 钢丝绳安全检测原理与技术[M]. 北京: 科学出版社, 2009: 1-13.

[4] 杨叔子, 康宜华. 钢丝绳断丝定量检测原理与技术[M]. 北京: 国防工业出版社, 1995: 3-12.

[5] 中国钢铁工业协会. 铁磁性钢丝绳电磁检测方法: GB/T 21837—2008[S]. 北京: 中国国家标准管理委员会, 2008: 3-12.

[6] 陈厚桂, 康宜华, 俞涛, 等. 钢丝绳检测中的标样配置[J]. 无损检测, 2009, 31(7): 576-579.

[7] Tian J, Zhou J Y, Wang H Y, et al. Literature review of research on the technology of wire rope nondestructive inspection in China and abroad[C]. MATEC Web of Conferences, Xiamen, 2015: 03025.

[8] Weischedel H R, Chaplin C R. The inspection of wire ropes for offshore applications : International petroleum industry inspection technology II[J]. NDT & E International, 1991, 24(6): 321.

[9] Jomdecha C, Prateepasen A. Design of modified electromagnetic main-flux for steel wire rope inspection[J]. NDT & E International, 2009, 42(1): 77-83.

[10] Fedorko G, Molnár V, Ferková Ž, et al. Possibilities of failure analysis for steel cord conveyor belts using knowledge obtained from non-destructive testing of steel ropes[J]. Engineering Failure Analysis, 2016, 67: 33-45.

[11] 赵敏, 张东来. 钢丝绳典型缺陷的漏磁场有限元仿真[J]. 无损检测, 2009, 31(3): 177-180.

[12] 赵敏. 钢丝绳缺陷漏磁场的有限元仿真研究[D]. 哈尔滨: 哈尔滨工业大学, 2008: 1-55.

[13] 时朋朋. 缺陷漏磁场磁偶极子模型的若干解析解[J]. 无损检测, 2015, 37(3): 1-7.

[14] Dutta S M, Ghorbel F H, Stanley R K. Simulation and analysis of 3-D magnetic flux leakage[J]. IEEE Transactions on Magnetics, 2009, 45(4): 1966-1972.

[15] Trevino D A G, Dutta S M, Ghorbel F H, et al. An improved dipole model of 3-D magnetic flux leakage[J]. IEEE Transactions on Magnetics, 2016, 52(12): 1-7.

[16] 曹印妮, 张东来, 徐殿国. 钢丝绳定量无损检测现状[J]. 无损检测, 2005, 27(2): 91-95.

[17] Sun Y H, Kang Y H. Magnetic mechanisms of magnetic flux leakage nondestructive testing[J]. Applied Physics Letters, 2013, 103(18): 184104.

[18] Sun Y, Wu J B, Feng B, et al. An opening electric-MFL detector for the NDT of in-service mine hoist wire[J]. IEEE Sensors Journal, 2014, 14(6): 2042-2047.

[19] Sun Y H, Liu S W, Li R, et al. A new magnetic flux leakage sensor based on open magnetizing method and its on-line automated structural health monitoring methodology[J]. Structural Health Monitoring, 2015, 14(6): 583-603.

[20] Sun Y H, Liu S W, Ye Z J, et al. A defect evaluation methodology based on multiple magnetic flux leakage (MFL) testing signal eigenvalues[J]. Research in Nondestructive Evaluation, 2015, 27(1): 1-25.

[21] Sharatchandra S W, Rao B P C, Mukhopadhyay C K, et al. GMR-based magnetic flux leakage technique for condition monitoring of steel track rope[J]. Insight-Non-Destructive Testing and Condition Monitoring, 2011, 53(7): 377-381.

[22] Zhang J W, Tan X J. Quantitative inspection of remanence of broken wire rope based on compressed sensing[J]. Sensors, 2016, 16(9): 1366.

[23] Zhang D L, Zhao M, Zhou Z H. Quantitative inspection of wire rope discontinuities using magnetic flux leakage imaging[J]. Materials Evaluation, 2012, 70(7): 872-878.

[24] Zhang D L, Zhao M, Zhou Z H, et al. Characterization of wire rope defects with gray level co-occurrence matrix of magnetic flux leakage images[J]. Journal of Nondestructive Evaluation, 2012, 32(1): 37-43.

[25] 曹印妮. 基于漏磁成像原理的钢丝绳局部缺陷定量检测技术研究[D]. 哈尔滨: 哈尔滨工业大学, 2007: 22-27.

[26] 张聚伟, 谭孝江, 陈媛. 一种开放式微磁激励钢丝绳损伤检测系统: 中国, 201710305620.X[P]. [2017-7-18].

[27] Zhang J W, Tan X J, Zheng P B. Non-destructive detection of wire rope discontinuities from residual magnetic field images using the Hilbert-Huang transform and compressed sensing[J]. Sensors, 2017, 17(3): 608.

[28] Tian J, Wang H Y. Research on magnetic excitation model of magnetic flux leakage for coal mine hoisting wire rope[J]. Advances in Mechanical Engineering, 2015, 7(11): 1-11.

[29] 王红尧, 田劼. 基于有限元分析的矿用钢丝绳聚磁检测方法[J]. 煤炭学报, 2013, 38(增 1): 256-260.

[30] Xu F Y, Wang X S, Wu H T. Inspection method of cable-stayed bridge using magnetic flux leakage detection: Principle, sensor design, and signal processing[J]. Journal of Mechanical Science and Technology, 2012, 26(3): 661-669.

[31] Gao G H, Lian M J, Xu Y G, et al. The effect of variable tensile stress on the MFL signal response of defective wire ropes[J]. Insight-Non-Destructive Testing and Condition Monitoring, 2016, 58(3): 135-141.

[32] Wu J B, Fang H, Huang X M, et al. An online MFL sensing method for steel pipe based on the magnetic guiding effect[J]. Sensors, 2017, 17(12): 2911.

[33] 周郁明. 基于磁阻传感器的钢丝绳断丝信号的提取及处理[D]. 武汉: 华中科技大学, 2004: 51.

[34] Liu X C, Xiao J W, Wu B, et al. A novel sensor to measure the biased pulse magnetic response in steel stay cable for the detection of surface and internal flaws[J]. Sensors and Actuators A: Physical, 2018, 269: 218-226.

[35] Kim J W, Park S. Magnetic flux leakage sensing and artificial neural network pattern recognition-based automated damage detection and quantification for wire rope non-destructive evaluation[J]. Sensors, 2018, 18(1): 109.

[36] Park S, Kim J W, Lee C, et al. Magnetic flux leakage sensing-based steel cable NDE technique[J]. Shock and Vibration, 2014, (2): 1-8.

[37] Wang H Y, Xu Z, Hua G, et al. Key technique of a detection sensor for coal mine wire ropes[J]. Mining Science and Technology, 2009, 19(2): 170-175.

[38] 宋凯, 陈超, 康宜华, 等. 基于 U 形磁轭探头的交流漏磁检测法机理研究[J]. 仪器仪表学报, 2012, 33(9): 1980-1985.

[39] 李万莉, 冯文洁, 李珍珍, 等. 钢丝绳缺陷检测励磁结构尺寸设计[J]. 同济大学学报(自然科学版), 2012, 40(12): 1888-1893.

[40] 艾丽斯佳. 基于弱磁的钢丝绳断丝检测磁特性研究分析[D]. 武汉: 武汉理工大学, 2009: 94.

[41] 赵雁. 新型钢丝绳探伤仪的设计与研究[D]. 洛阳: 河南科技大学, 2009: 60.

[42] 张卫民, 杨旭, 王珏, 等. 基于霍尔元件阵列的缺陷漏磁检测技术研究[J]. 北京理工大学学报, 2011, 31(6): 647-651.

[43] Kwun H, Hanley J J, Holt A E. Detection of corrosion in pipe using the magnetostrictive sensor technique[J]. Proceedings of SPIE—The International Society for Optical Engineering, 1997, 30(1): 140-148.

[44] Aoki F, Kanda K, Sugiura T, et al. Attenuation measurement of cylindrical guided waves[J]. International Journal of Applied Electromagnetics and Mechanics, 2016, 52(3-4): 1201-1206.

[45] Hill S, Dixon S, Reddy S H, et al. A new electromagnetic acoustic transducer design for generating torsional guided wave modes for pipe inspections[C]. AIP Conference Proceedings, Atlanta, 2017: 05003.

[46] Kang L, Zhang C, Dixon S, et al. Enhancement of ultrasonic signal using a new design of Rayleigh-wave electromagnetic acoustic transducer[J]. NDT & E International, 2017, 86: 36-43.

[47] Nurmalia N N, Ogi H, et al. EMAT pipe inspection technique using higher mode torsional guided wave T(0,2)[J]. NDT & E International, 2017, 87: 78-84.

[48] Thring C B, Fan Y, Edwards R S. Multi-coil focused EMAT for characterisation of surface-breaking defects of arbitrary orientation[J]. NDT & E International, 2017, 88: 1-7.

[49] Zhang Y, Huang S L, Zhao W, et al. Electromagnetic ultrasonic guided wave long-term monitoring and data difference adaptive extraction method for buried oil-gas pipelines[J]. International Journal of Applied Electromagnetics and Mechanics, 2017, 54(3): 329-339.

[50] Casey N F, Laura P A A. A review of the acoustic-emission monitoring of wire rope[J]. Ocean Engineering, 1997, 24(10): 935-947.

[51] Raišutis R, Kažys R, Mažeika L, et al. Ultrasonic guided wave-based testing technique for inspection of multi-wire rope structures[J]. NDT & E International, 2014, 62(2): 40-49.

[52] Treyssède F, Laguerre L. Investigation of elastic modes propagating in multi-wire helical waveguides[J]. Journal of Sound and Vibration, 2010, 329(10): 1702-1716.

[53] Vanniamparambil P A, Khan F, Hazeli K, et al. Novel optico-acoustic nondestructive testing for wire break detection in cables[J]. Structural Control and Health Monitoring, 2013, 20(11): 1319-1350.

[54] Xu J, Wu X J, Sun P F. Detecting broken-wire flaws at multiple locations in the same wire of prestressing strands using guided waves[J]. Ultrasonics, 2013, 53(1): 150-156.

[55] Raišutis R, Kažys R, Mažeika L, et al. Propagation of ultrasonic guided waves in composite multi-wire ropes[J]. Materials, 2016, 9(6): 451.

[56] Platzer E S, Nägele J, Wehking K H, et al. HMM-based defect localization in wire ropes—A new approach to unusual subsequence recognition[C]. Proceedings of the 31st DAGM Symposium on Pattern Recognition, Jena, 2009: 442-451.

[57] Platzer E S, Denzler J, Süße H, et al. Robustness of different features for one-class classification and anomaly detection in wire ropes[C]. Proceedings of the 4th International Conference on Computer Vision Theory and Applications, Lisboa, 2009: 171-178.

[58] Platzer E S, Süße H, Nägele J, et al. On the suitability of different features for anomaly detection in wire ropes[J]. Communications in Computer and Information Science, 2010, 68: 296-308.

[59] Wacker E S, Denzler J. An analysis-by-synthesis approach to rope condition monitoring[J]. Advances in Visual Computing, 2010, 2: 459-468.

[60] Wacker E S, Denzler J. Enhanced anomaly detection in wire ropes by combining structure and appearance[J]. Pattern Recognition Letters, 2013, 34(8): 942-953.

[61] Wacker E S, Denzler J. Combining structure and appearance for anomaly detection in wire ropes[C]. Proceedings of the 14th International Conference on Computer Analysis of Images and Patterns, Seville, 2011: 163-170.

[62] 李现国, 苗长云, 张艳, 等. 基于统计特征的钢丝绳芯输送带故障自动检测[J]. 煤炭学报, 2012, 37(7): 1233-1238.

[63] Peng P C, Wang C Y. Use of gamma rays in the inspection of steel wire ropes in suspension bridges[J]. NDT & E International, 2015, 75: 80-86.

[64] 曹青松, 周继惠, 李健, 等. 钢丝绳电磁检测信号的时空域理论分析[J]. 机械工程学报, 2013, 49(4): 13-19.

[65] 曹青松, 刘丹, 周继惠, 等. 一种钢丝绳断丝无损定量检测方法[J]. 仪器仪表学报, 2011, 32(4): 787-794.

[66] 谭继文, 熊永超. 提升钢丝绳张力定量检测新方法[J]. 煤炭学报, 1996, (6): 650-654.

[67] 李战利. 钢丝绳张力在线检测原理及应用研究[D]. 重庆: 重庆大学, 2004: 1-30.

[68] Wait J R, Hill D A. Electromagnetic Theory of Techniques for the Non-destructive Testing of Wire Ropes[R]. New York: Centers for Disease Control and Prevention, 1979: 1-177.

第2章　钢丝绳表面弱磁场分布建模

2.1　引　　言

电磁法作为一种高效、快速、信号易处理、无接触的无损检测技术，被广泛应用于铁磁性部件的检测中[1]。而钢丝绳是一种结构复杂、使用寿命有限、长期在役的牵引部件，对其寿命的监测关系到各行业安全生产活动，目前对钢丝绳电磁检测的研究与实际应用以强磁检测法居多[2-7]。缺陷漏磁场的分布计算主要有以下四种方法：磁偶极子解析法、有限元数值模拟法、试验法、全息照相法。为了提高工程应用中漏磁检测的精度，Wu 等[6]利用磁偶极子模型研究了传感器检测方向与缺陷夹角的关系，并在文献[8]中研究了不同夹角下测得的漏磁场信号特征，为工程设计提供了指导。利用铁磁性物质在变化磁场中长度发生变化的磁致伸缩效应，可实现钢丝绳、油管等的局部损伤检测[9]。为了抑制检测中产生的系统噪声，例如，股波噪声磁化不均和通道间不均衡等，Wu 等使用两个传感器检测漏磁场变化率[7]，采用漏磁场变化率信号来描述缺陷参数。钢丝绳无损检测方法还包括检测速度快的超声导波法[10-12]、检测结果直观的射线法[13]、涡流法[14]以及光学法[1]等。但超声导波法抗噪声能力较弱，检测提离距小；涡流法检测距离受限，装置安装不便，对小缺陷检测可靠性较差；射线法对环境和人体有害，且维护成本较高；光学法易受光线和钢丝绳表面污渍影响；超声导波法或电磁超声波法对钢丝绳的检测难以形成定量评价标准。传统的钢丝绳漏磁检测方法都是在强磁条件下进行的，具有检测装置体积大、笨重、携带不便等缺点。

本章提出一种基于剩余磁场(RMF)(简称剩磁)的检测方法对钢丝绳

进行漏磁场建模研究，并在此基础上进一步提出非饱和磁激励(UME)下的钢丝绳检测方法，利用磁偶极子模型对两种方法下的钢丝绳断丝缺陷表面分布情况进行了数值计算与仿真，分析缺陷参数与磁场分布之间的关系，并对比两种漏磁场仿真信号的幅值特性。

2.2　钢丝绳弱磁检测的基本原理

钢丝绳是由高质量碳素钢丝绕制而成的，具有良好的导磁性能。本书提出的钢丝绳弱磁检测方法包括基于剩磁的检测和非饱和磁激励下的检测两种方法。基于剩磁的钢丝绳检测原理如图 2-1 所示，对钢丝绳进行磁化后，如果钢丝绳的材质是连续、均匀的，那么钢丝绳中的磁场将被约束在钢丝绳中，磁通平行于钢丝绳表面，几乎没有磁场从钢丝绳表面泄漏，被测钢丝绳表面几乎没有磁场。但是，当钢丝绳中存在切割磁力线的缺陷时，钢丝绳表面缺陷和内部的缺陷会导致磁导率发生变化，使一部分磁通泄漏到钢丝绳表面形成漏磁场。非饱和磁激励下的钢丝绳检测技术原理如图 2-2 所示，以钢丝绳为磁导媒介，表面放置一块永磁铁，永磁铁外部在钢丝绳中的磁通密度与钢丝绳之间的磁化距离成反比。磁力线由永磁铁一极发出，部分磁力线经过空气介质直接回到永磁铁的另一极。而较大部分的磁力线由于钢丝绳的高磁导率需要经过钢丝绳再回到永磁铁另一极，其中部分磁力线在缺口处由于永磁铁另一极

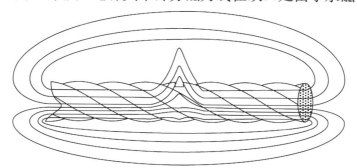

图 2-1　基于剩磁的钢丝绳检测原理图

的作用透过缺口形成漏磁场,该漏磁场的部分磁力线在泄漏后直接回到永磁铁的另一极，但还有部分磁力线回到了钢丝绳内部。

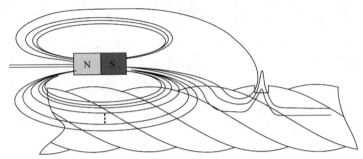

图 2-2　非饱和磁激励下钢丝绳检测技术原理图

2.3　磁偶极子理论

磁偶极子模型(magnetic dipole model，MDM)是类比于电偶极子模型所提出的一种点磁荷分析模型，该模型假定存在两个等值异号的磁荷，两个磁荷之间产生磁闭回路，且实际中不存在单独的磁荷。磁偶极子模型作为一种简单有效的磁场分析理论，可用于描述小尺寸原件表面的磁场分布情况。在磁学中，磁偶极子模型可以反映一定的客观事实，假定磁偶极子模型是一种具有一定磁矩的物质,使用磁偶极子模型概念来解释磁场分布规律可以使计算大大简化。

空气场中一对极子，其中心在 O 点，磁偶极矩 $\boldsymbol{P}_{\mathrm{m}} = q_{\mathrm{m}}\boldsymbol{l}$ ，$P(x, y)$ 为磁极对远场中任意一点，磁偶极子的正负磁荷以及中心点 O 到 P 点的矢量路径分别是 $\boldsymbol{R}_{+}$、$\boldsymbol{R}_{-}$ 和 $\boldsymbol{R}_O$，具体情况如图 2-3 所示。

像电场由电荷产生一样，早期认为磁场是由磁荷产生的，并同电荷产生静电场具有相似的基本定律。因此,点磁荷产生的磁场在介质中的磁场强度 $\boldsymbol{H}$ 和磁感应强度 $\boldsymbol{B}$ 分别为[15]

$$\boldsymbol{H} = \frac{q_{\mathrm{m}}\boldsymbol{R}}{\mu R^3} \tag{2-1}$$

$$\boldsymbol{B} = \frac{q_{\mathrm{m}}\boldsymbol{R}}{R^3} \tag{2-2}$$

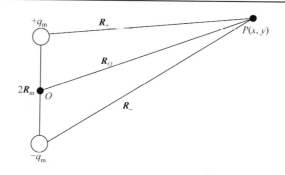

图 2-3　磁偶极子远源区磁场

再根据叠加定理和结合式(2-2)可以求出图 2-3 中 P 点的磁感应强度

$$\boldsymbol{B} = \frac{q_{\mathrm{m}}\boldsymbol{R}_+}{R_+^3} - \frac{q_{\mathrm{m}}\boldsymbol{R}_-}{R_-^3} \tag{2-3}$$

$$\begin{cases} B_x = \dfrac{q_{\mathrm{m}}x}{[x^2 + (y-l)^2]^{3/2}} - \dfrac{q_{\mathrm{m}}x}{[x^2 + (y+l)^2]^{3/2}} \\[3mm] B_y = \dfrac{q_{\mathrm{m}}(y-1)}{[x^2 + (y-l)^2]^{3/2}} - \dfrac{q_{\mathrm{m}}(y+1)}{[x^2 + (y+l)^2]^{3/2}} \end{cases} \tag{2-4}$$

其中，B_x、B_y 分别是 P 点的磁感应强度 x 轴、y 轴分量；q_{m} 是磁荷强度。Shcherbinin 等[16,17]在点状和裂纹缺陷的解析中指出，平面圆形磁荷的强度可由磁荷密度 σ 计算出：

$$q_{\mathrm{m}} = \frac{\sigma}{4\pi\mu_0} \tag{2-5}$$

根据以上理论和相关数值解析式，可以基于磁偶极子理论对钢丝绳表面简单的断丝缺陷所产生的两种微磁场分布进行研究，分析断丝缺陷的各参数对漏磁场的影响。

2.4　棒状弱磁模型

在传统的强磁检测法中，采用磁轭和永磁铁或线圈产生饱和磁回路对被测部件均匀磁化来使缺陷处产生泄漏磁力线。在实际应用中，被测部件表面情况比较复杂，断丝缺口不平整、缺陷形状不规则以及空间饱和磁场不均匀等都会影响缺陷壁上的磁荷分布密度和磁荷分布规律,铁磁性材料内部磁感应强度和外部磁场强度分布呈非线性关系,尤其是对钢丝绳这种复杂的绕制结构被测部件,其表面情况更为复杂。为了简化模型,忽略钢丝绳结构上的不利因素,将钢丝绳表面断丝缺陷损伤考虑为一个简单的矩形凹槽缺陷,同时考虑将单个磁荷的半径设定等同于钢丝绳单丝半径,这是由于单根钢丝直径较小,对单一断丝而言缺陷壁上的磁荷数量较少,其数量对于整体分析影响不大。因此,将钢丝绳简化成棒状部件,简化处理后的缺陷模型如图 2-4 所示。

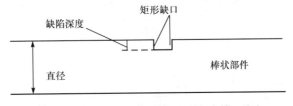

图 2-4　简化后的棒状矩形缺陷模型图

2.4.1　剩磁模型

　　钢丝绳是一种由多股钢丝缠绕中间的麻芯或钢芯而成的铁磁性构件,它是一种螺旋结构体,相对于表面平滑的管道棒状部件,结构更加复杂。根据量子力学,由于电子自旋磁矩的交换耦合作用,铁磁性材料内部的铁磁介质形成磁荷分布[18]。在微磁理论中采用磁畴来描述该现象,根据微磁检测理论铁金属材料具有缺陷就一定存在磁畴结点,磁畴一旦出现,固定结点就会产生不可逆的磁场状态,在铁金属材料内部形成磁场[19]。磁畴结构属于微观结构,因此,磁畴的固定结点只能产生微弱磁场,对于该类微弱磁场的检测过程就是微磁检测。铁磁材料在自由场中,其内部材质均匀,磁畴方向相间分布,磁畴之间的磁矢量方向和强度相互抵消,在宏观上不产生外部磁场。一旦铁磁材料内部磁畴壁发生位移,同时磁化矢量发生同向变化,铁磁材料将会在宏观上产生一定的微磁场,磁畴壁和磁化矢量的变换过程在宏观上称为铁磁材料的磁化过程。铁磁材料在外部磁场较弱时,磁畴通过自身移动畴壁使系统内能整体最小化,但当外部磁场不断增强时,磁畴的畴壁移动不足以抵消外部磁场能量,此时磁畴只能通过转动自身磁化矢量方向平衡掉外部磁场,使系统内部能量达到平衡。其中磁畴的变化过程可表述为:在外部磁化场的作用下,磁化矢量在磁场方向上有最大分量的磁畴体积变大,磁畴移动畴壁;此后,磁场若继续增大,磁畴内部原来的磁化矢量方向将会偏移到同磁化场方向一致,此时原有的磁畴壁消失,相邻的磁畴合并成一个整体;当外部磁化场强度足够大时,磁畴在完成了畴壁移动和磁化矢量的转动后,磁畴系统趋于稳定,铁磁材料宏观上体现出微弱磁场。当外部磁场撤出时,由于磁畴的变化是不能通过自身恢复到原有杂乱相间排序,此时,部件将会形成一个微磁场,铁磁材料内部磁场方向同磁化方向一致。利用该特性产生的磁场,可以检测出被测部件表面缺陷和内部缺陷,通过处理、分析获取缺陷的损伤参数,进行自动化、可视化、定量化的缺陷检测研究。

　　钢丝绳磁化过程中的磁畴变化过程如图 2-5 所示。根据前面对磁畴理论的变化分析发现,铁磁金属要产生剩余磁场,首先需要一个足够大的磁场强度将铁磁材料按照一个方向磁化引起铁磁材料内部磁畴固定结点发生变化。一旦磁畴的磁化矢量方向一致,钢丝绳在宏观上即可形成一个微磁场。

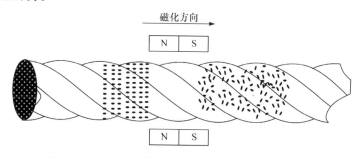

图 2-5　钢丝绳剩磁磁化过程中磁畴变化过程

　　磁化后的钢丝绳表面由于其自身复杂结构,所产生的漏磁场也极为复杂,因此,在采用磁偶极子模型对钢丝绳断丝的剩余磁场分布情况进行仿真时,首先对带有 1 丝断丝的钢丝绳模型进行如图 2-6 所示的简化,该视图为轴向剖面视图,磁偶极子对处于断丝缺口的直壁上。图 2-6 为钢丝绳单一断丝的磁偶极子模型，其中，沿着断丝缺口的中心轴向及其垂直方向设定了坐标系。两个磁荷量相等，直径等于钢丝直径的磁荷分别处于钢丝绳缺陷两端口上，两磁荷中心点为坐标系原点，断丝间距为2δ，球形磁荷的中心距离为$2l$，外部空气场中任意一点$P(x,y)$到原点、磁荷P_1和磁荷P_2的距离分别是r、r_1和r_2，并且假定磁荷P_1的极性为负，磁荷P_2的极性为正，同时两磁荷量相同为Q。

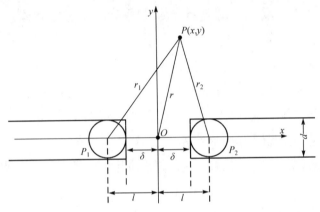

图 2-6　钢丝绳单一断丝磁偶极子模型

根据式(2-2)～式(2-5)可以求解出图中 $P(x, y)$处受到两个磁荷的磁感应强度的 x 轴分量分别可表述为

$$
\begin{cases}
B_{1x} = -\dfrac{Q_{P_1}}{4\pi\mu_0} \cdot \dfrac{(x+l)}{[(x+l)^2 + y^2]^{3/2}} \\[4mm]
B_{2x} = \dfrac{Q_{P_2}}{4\pi\mu_0} \cdot \dfrac{(x-l)}{[(x-l)^2 + y^2]^{3/2}}
\end{cases}
\tag{2-6}
$$

同理，其所受磁感应强度 y 轴分量可以表述为

$$
\begin{cases}
B_{1y} = -\dfrac{Q_{P_1}}{4\pi\mu_0} \cdot \dfrac{y}{[(x+l)^2 + y^2]^{3/2}} \\[4mm]
B_{2y} = \dfrac{Q_{P_2}}{4\pi\mu_0} \cdot \dfrac{y}{[(x-l)^2 + y^2]^{3/2}}
\end{cases}
\tag{2-7}
$$

其中，B_{1x} 为磁荷 P_1 在 P 点的磁感应轴向（x 轴）分量；B_{1y} 为磁荷 P_1

在 P 点的磁感应径向（y 轴）分量；B_{2x} 为磁荷 P_2 在 P 点的磁感应轴向分量；B_{2y} 为磁荷 P_2 在 P 点的磁感应径向分量；Q_{P_1} 为磁荷 P_1 的磁荷密度；Q_{P_2} 为磁荷 P_2 的磁荷密度，且 $Q = Q_{P_1} = Q_{P_2}$。由式(2-6)与式(2-7)并结合磁场的叠加，P 点磁感应强度 $\boldsymbol{B}$ 为

$$\boldsymbol{B} = (B_{1x} + B_{2x})\boldsymbol{i} + (B_{1y} + B_{2y})\boldsymbol{j} = B_x \boldsymbol{i} + B_y \boldsymbol{j} \tag{2-8}$$

$$B_x = \frac{Q}{4\pi\mu_0} \cdot \left\{ \frac{(x-l)}{\left[(x-l)^2 + y^2\right]^{3/2}} - \frac{(x+l)}{\left[(x+l)^2 + y^2\right]^{3/2}} \right\} \tag{2-9}$$

$$B_y = \frac{Q}{4\pi\mu_0} \cdot \left\{ \frac{y}{\left[(x-l)^2 + y^2\right]^{3/2}} - \frac{y}{\left[(x+l)^2 + y^2\right]^{3/2}} \right\} \tag{2-10}$$

由式(2-9)与式(2-10)可以看出，P 点处磁感应强度受磁荷密度、检测点提离距和磁荷间参数影响。其中磁荷参数与钢丝的直径、缺陷的轴向宽度和铁金属材料有关。模型一开始对钢丝绳单丝断口进行了简化，因此，Q 只与钢丝绳中的磁感应强度和磁荷直径有关，可认为其满足以下关系[20]：

$$Q = \frac{1}{4}\pi B_\omega d_\theta^2 \tag{2-11}$$

其中，B_ω 是钢丝绳内部磁感应强度；d_θ 是磁荷直径。根据式(2-9)和式(2-10)可以计算出断丝轴向和径向剩余磁场分布情况。

2.4.2　非饱和磁激励模型

在自由空气场中，条形磁铁外部的磁场强度分布是以两极连线为中心的椭圆形对称分布。铁磁性材料的磁导率是空气场的 1000 倍以上，因此在空气场中平行于条形圆柱永磁体放置一个铁棒等铁磁性物质时，磁铁外部场会发生变化。如图 2-7 所示，以钢丝绳为磁导媒介，表面平行放置一块永磁铁，永磁铁外部在钢丝绳中的磁通密度与钢丝绳之间的磁化距离成反比。磁力线由永磁铁一极发出，部分磁力线经过空气介质

直接回到了永磁铁另一极；而大部分的磁力线由于铁磁性材料的高磁导率需要经过铁磁媒介再回到永磁铁另一极。被激励部件因此带有磁性，从铁磁性物质微观来解释，铁部件在自由场时，原子外部的阴极电子围绕着原子核旋转，由于各原子外部电子旋转方向杂乱无章，其形成的自旋场相互抵消对外无法形成宏观磁场。但在外部磁场作用下，电子的旋转方向形成一致，各原子的自旋场相互叠加从而对外部形成磁场。而在钢丝绳缺陷处，两侧垂直壁上的电子旋转方向一致，各壁沿上磁场相互叠加，再通过空气场形成连续磁回路，从而在缺陷上方形成了漏磁场。

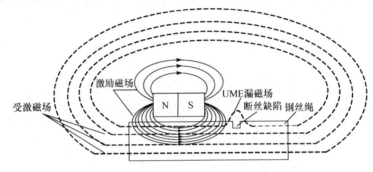

图 2-7　钢丝绳 UME 下产生漏磁原理图

根据磁畴理论，当铁磁金属受到较弱的磁场影响时，其内部的磁畴壁将会发生移动，磁化矢量方向会发生偏转，导致的结果为铁磁金属局部将会产生一个自发的微弱磁场，被磁化部件内部磁场方向同激励磁场一致，并且受激磁场的强度和磁化中心的距离成反比。因此，一旦钢丝绳在被激励的附近有一个缺陷存在，则缺陷的轴向两端的磁感应强度会有一个较小的差距，该差距在实际中受磁化点的距离、磁化强度和被测部件磁导率影响。当缺陷损伤比较大，磁化强度合适时，缺陷处可以产生稳定的漏磁场。

钢丝绳结构复杂，因此，缺陷处产生的漏磁场也具有复杂的磁场情况，综合考虑，本书采用磁偶极子模型来获取缺陷附近漏磁场情况。由于缺陷断口较小，忽略移动磁化中对两断口的磁感应强度变化影响。首先，对钢丝绳表面断丝缺陷的分析进行适当简化，其中钢丝绳简化模型和图 2-3 一致；然后，根据磁荷分析理论和磁场的叠加原则计算出漏磁场分布数学模型，如图 2-8 所示。假设断丝处的两端各有一个磁荷 P_1、P_2，在钢丝绳外部的磁化激励处分布一个磁荷 P_3。

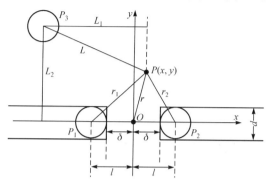

图 2-8　断丝处漏磁场磁偶极子模型

假设钢丝直径为 d，缺陷断口间隙 2δ，两个磁偶极子 P_1 与 P_2 在横坐标轴上并且距离为 $2l$，关于坐标轴 x 对称，钢丝绳外部 P_3 位于 y 轴 L_2 处，它和磁场观测点 P 的横向距离固定为 L_1，因此磁荷 P_3 对观测出的磁场影响是固定的。三个磁荷之间的关系满足：

$$\begin{cases} Q_{P_2} + Q_{P_3} - Q_{P_1} = 0 \\ \left| Q_{P_1} / Q_{P_2} \right| > 1 \end{cases} \tag{2-12}$$

其中，Q_{P_1}、Q_{P_2}、Q_{P_3} 分别表示点 P_1、P_2、P_3 的点磁荷量。因此，P_1、P_2、P_3 分别具有 $-Q_{P_1}$、$+Q_{P_2}$、$+Q_{P_3}$ 的点磁荷。

外部空气场中一点 P 分别受到 P_1、P_2、P_3 磁荷的作用，根据 2.2 节磁荷理论，三个磁荷分别在 P 的轴向磁感应强度如下：

$$\begin{cases} B_{1x} = -\dfrac{Q_{P_1}}{4\pi\mu_0} \cdot \dfrac{(x+l)}{\left[(x+l)^2 + y^2\right]^{3/2}} \\[3mm] B_{2x} = \dfrac{Q_{P_2}}{4\pi\mu_0} \cdot \dfrac{(x-l)}{\left[(x-l)^2 + y^2\right]^{3/2}} \\[3mm] B_{3x} = \dfrac{Q_{P_3}}{4\pi\mu_0} \cdot \dfrac{L_1}{\left[(L_2-y)^2 + y^2\right]^{3/2}} \end{cases} \tag{2-13}$$

同时根据磁感应强度的叠加原理，可以推断出 P 点轴向磁感应强度为三个磁荷在 P 点处的轴向分量和：

$$B_x(x,y) = B_{1x} + B_{2x} + B_{3x}$$

$$= \frac{1}{4\pi\mu_0} \cdot \left\{ \frac{Q_{P_2}(x-l)}{\left[(x-l)^2 + y^2\right]^{3/2}} + \frac{Q_{P_3}L_1}{\left[(L_2-y)^2 + y^2\right]^{3/2}} - \frac{Q_{P_1}(x+l)}{\left[(x+l)^2 + y^2\right]^{3/2}} \right\}$$

$$(2\text{-}14)$$

同理，可以推出 P 点径向所受三个磁荷的磁感应强度以及 P 点处径向磁感应强度分别如下：

$$\begin{cases} B_{1y} = -\dfrac{Q_{P_1}}{4\pi\mu_0} \cdot \dfrac{y}{\left[(x+l)^2 + y^2\right]^{3/2}} \\[4mm] B_{2y} = \dfrac{Q_{P_2}}{4\pi\mu_0} \cdot \dfrac{y}{\left[(x-l)^2 + y^2\right]^{3/2}} \\[4mm] B_{3y} = \dfrac{Q_{P_3}}{4\pi\mu_0} \cdot \dfrac{L_2-y}{\left[(L_2-y)^2 + y^2\right]^{3/2}} \end{cases} \qquad (2\text{-}15)$$

$$B_y(x,y) = B_{1y} + B_{2y} + B_{3y}$$

$$= \frac{1}{4\pi\mu_0} \cdot \left\{ \frac{Q_{P_2}y}{\left[(x-l)^2 + y^2\right]^{3/2}} + \frac{Q_{P_3}(L_2-y)}{\left[(L_2-y)^2 + y^2\right]^{3/2}} - \frac{Q_{P_1}y}{\left[(x+l)^2 + y^2\right]^{3/2}} \right\}$$

$$(2\text{-}16)$$

由式(2-14)和式(2-16)可以看出，P 点磁感应强度与 Q_{P_i} ($i=1,2,3$) 点磁荷密度、x 轴上两点磁荷距离 $2l$ 和磁荷 P_3 的位置有关。结合式(2-12)可以看出，Q_{P_2}、Q_{P_3} 点磁荷密度和 Q_{P_1} 点磁荷密度有关，因此，确定了 Q_{P_1} 点磁荷密度即可确定各个磁荷密度。同时 Q_{P_1} 还与单丝直径 d、断丝间距 2δ 和断丝形变有关。由于钢丝绳外部磁荷与缺陷距离较远，在外部磁荷的运动中对 Q_{P_1} 影响较小可将其忽略，因此，在测量缺陷处的磁感应强度时，假定三个磁荷量密度不变。

2.4.3　小缺口模型仿真

1.钢丝绳剩磁断丝仿真

假设钢丝绳单丝断丝形状如图 2-4 所示，首先建模观察断丝宽度对 P 点磁感应强度影响。钢丝绳细丝直径 d 为 1.5mm，检测提离距 y 为 10mm，钢丝绳中的磁感应强度 B_ω 为 0.1T。断丝间距 δ 分别取 0.5mm、1mm、3mm、5mm、7mm、15mm、20mm。仿真中取钢丝绳断丝轴向采样距离为 0.02m，仿真采样间隔为 0.5mm。依据式(2-3)、式(2-5) 和式(2-6)可获得平行于钢丝绳轴向上的 P 点轴向磁场分量 B_x 分别如图 2-9(a)所示，图 2-9(b)为轴向分量峰峰值、波宽与钢丝绳断丝宽度的关系。

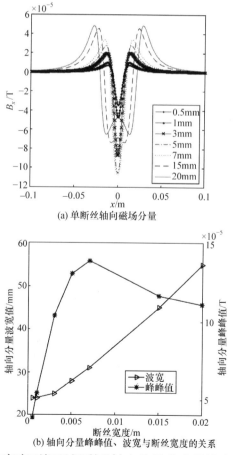

(a) 单断丝轴向磁场分量

(b) 轴向分量峰峰值、波宽与断丝宽度的关系

图 2-9　不同断丝宽度下钢丝绳剩磁轴向分量分布及波宽、峰峰值的变化

从图 2-9(a)中可以看出当缺陷的宽度达到一定值时，波谷发生鞍形畸变，在剩磁信号发生畸变前，结合图 2-9(b)中的曲线走势可以看出，信号的峰峰值与缺陷的宽度是以类似线性趋势正比例变化的，根据图中波宽(取两极大值之间的间距)曲线的变化与断丝宽度之间的关系，随着断丝宽度的不断增大，波宽和断丝宽度的关系线性度更高，而在缺陷宽度较小时波宽和断丝宽度呈非线性变化。而在工程当中，钢丝绳的缺陷宽度不可能是无限长的，因此，断丝缺陷的轴向分量对区分小缺陷时的灵敏度比较弱。在同等情况下，分析缺陷的径向分量分布情况、分量峰峰值变化和波宽变化与断丝宽度的关系如图 2-10(a)和(b)所示。

图 2-10(a)为径向分量随着断丝宽度变大在缺陷表面高度为 10mm 的检测点处产生的磁感应强度一维分布。图 2-10(b)是径向分量峰峰值、峰峰值波宽与断丝宽度的关系，可以看出，随着断丝宽度增大，信号的波宽和峰峰值都明显增大，当断丝宽度达到一定程度后，信号的峰峰值几乎不再发生变化，而在断丝宽度较小时，其变化接近于线性，因此，径向分量信号对于小缺陷峰峰值有很好的区分度，而对于大缺陷峰谷宽度具有较好的区分度。

在钢丝绳表面漏磁检测系统的设计中，传感器与钢丝绳表面检测距离是一个重要的参数，在实际应用中，该参数如果选择不当，则无法有效检测出信号，因此，需要对检测提离距进行仿真，观测信号的变化趋

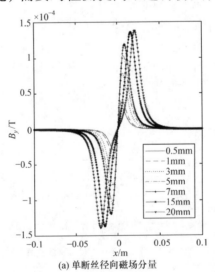

(a) 单断丝径向磁场分量

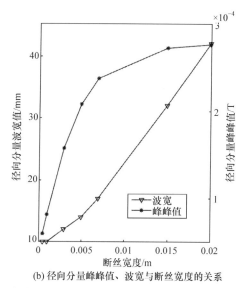

(b) 径向分量峰峰值、波宽与断丝宽度的关系

图 2-10　不同断丝宽度下钢丝绳剩磁径向分量分布以及波宽、峰峰值的变化

势，从而确定检测提离距。为了观测系统对于断丝小缺陷的检测趋势，将断丝间距固定选为 $\delta=3$ mm，检测时提离距 y 分别为 1mm、3mm、5mm、7mm、10mm、13mm 和 15mm，对钢丝绳表面剩磁仿真长度为 0.02m，钢丝绳的参数和磁荷的参数与前文中对缺陷间距变化的仿真中一致。表面剩磁的轴向分量分布如图 2-11(a)所示，其信号轴向分量的峰峰值、峰峰值波宽与提离距之间的关系如图 2-11(b)所示。

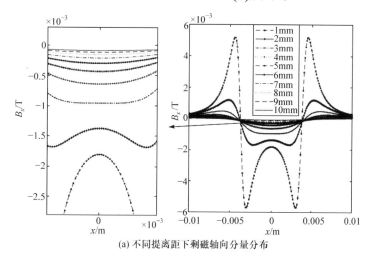

(a) 不同提离距下剩磁轴向分量分布

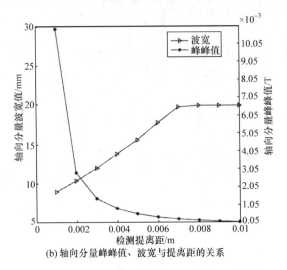

(b) 轴向分量峰峰值、波宽与提离距的关系

图 2-11　不同提离距下钢丝绳剩磁轴向分量分布以及波宽、峰峰值的变化

从图 2-11(a)可以明显看出，提离距的变化对于信号的峰峰值影响很大，当提离距很小时，轴向分量的信号中心会发生鞍形畸变，并且提离距越小，畸变越严重。结合图 2-11(b)可以看出信号在提离距较小时，缺陷剩磁信号的波宽呈线性变化；但当提离距达到一定程度时检测信号的极大值宽度几乎不再发生变化。相反地，提离距增大会导致检测信号的峰峰值变小，在提离距较小时，峰峰值变化较大，随着提离距的不断增大，峰峰值减小速率变小，趋于稳定。因此可以看出检测提离距在较小时，装置的抖动对检测结果的影响较大，而检测提离距较大时，装置难以捕捉到信号。

在相同的仿真条件下，不同提离距下剩磁径向分量的仿真一维分布如图 2-12(a)所示，图 2-12(b)为不同提离距下仿真剩磁信号的径向分量峰峰值以及峰峰值波宽的变化关系。从图 2-12(a)中不同提离距下径向分量的分布可以看出，相较于轴向分量，径向分量的波形在变化提离距下都不会发生畸变，而且信号是一种奇对称函数，信号形状和余弦信号比较类似，因此，实际检测信号更加容易在背景噪声中分离开，使滤波更加容易。而从图 2-12(b)中可以看出信号的峰峰值波宽变化整体不大，而且在提离距较小时，峰峰值宽度几乎不变；当提离距变化达到一定值时, 提离距和峰峰值宽度呈线性关系。图 2-11(b) 峰峰值与图 2-12(b)中的峰峰值比较发现, 径向分量的剩磁磁感应强度较高, 但是在提离距变化仿真中, 它们的峰峰值变化趋势一样, 即变化速率随着提离距的变大而放慢, 最后几乎不再变化。

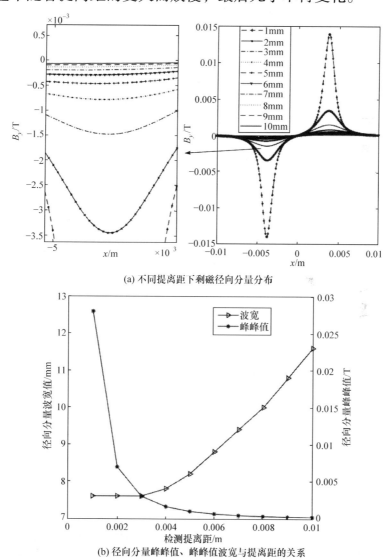

(a) 不同提离距下剩磁径向分量分布

(b) 径向分量峰峰值、峰峰值波宽与提离距的关系

图 2-12 不同提离距下钢丝绳剩磁径向分量分布以及波宽、峰峰值的变化

2. 钢丝绳非饱和磁激励下断丝仿真

对于钢丝绳非饱和磁激励下的断丝缺陷仿真，假设钢丝绳单丝断丝形状如图 2-4 所示，而磁荷分布和磁荷密度满足关系如式(2-12)所示。依据式(2-14)和式 (2-16)可获得平行于钢丝绳轴向上的 P 点各个磁场分量(B_x、B_y)分别如图 2-13(a)和(b)所示。

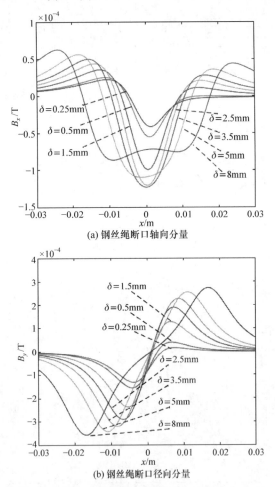

(a) 钢丝绳断口轴向分量

(b) 钢丝绳断口径向分量

图 2-13　不同断丝间距 P 点磁场仿真结果

其中，钢丝绳细丝直径 d 为 1.5mm；检测提离距 y 为 10mm；钢丝绳中的磁感应强度 B_ω 为 0.1T；外部磁化点磁荷与检测点 P 的轴向距离 L_1 为 150mm，径向距离 L_2 为 30mm；P_1 点磁荷密度是 P_2 点磁荷密度的

1.3 倍。断丝间距 2δ 分别取 0.5mm、1mm、3mm、5mm、7mm、10mm、16mm，轴向测量距离为 0.04m。

为仿真不同检测提离距下，P 点处磁感应强度变化，本小节对不同提离距下的模型进行了仿真，仿真中 P 点检测提离距 y 分别设定为 2mm、4mm、8mm、10mm 和 14mm，断丝间距选定为 3mm，其余参数不变，仿真的结果如图 2-14(a)和(b)所示。

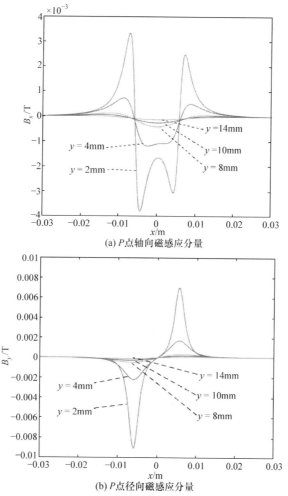

图 2-14   不同检测提离距下 P 点两个磁分量分布

断丝间距 2δ 取值为 3mm。将水平测量点与磁化磁偶极子间距 L_1 取值分别为 10mm、50mm、100mm、150mm、1000mm，这五个值分别模拟了外部激励由近及远时的分布情况。检测提离距 $y=10mm$，则 P 点的轴向磁感应强度和径向磁感应强度如图 2-15(a)和(b)所示。根据图 2-15(a)与(b)仿真结果，在磁荷密度不变的情况下，外部激励磁偶极子与 P 点的距离变化几乎不会引起 P 点磁感应强度变化。此外，为了仿真激励间距 L_2 的变化对 P 点磁感应强度的影响，本小节依旧设定断丝间距为 3mm，L_1 间距为 150mm，将 L_2 激励间距分别设定为 5mm、10mm、20mm、40mm，其余参数不变，其仿真结果如图 2-15(c)与(d)所示。

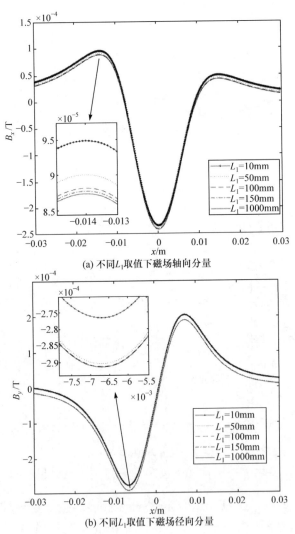

(a) 不同L_1取值下磁场轴向分量

(b) 不同L_1取值下磁场径向分量

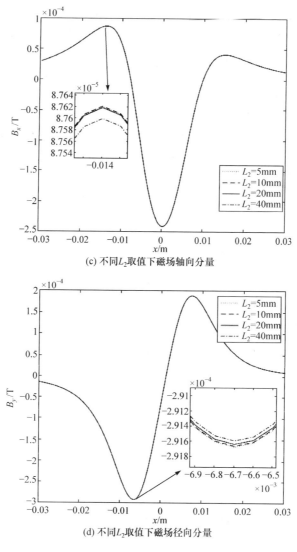

(c) 不同 L_2 取值下磁场轴向分量

(d) 不同 L_2 取值下磁场径向分量

图 2-15　不同 L_1、L_2 取值下产生的磁场分布

　　结合各情况下仿真结果可以看出，对 P 点磁感应强度变化影响较大的参数是断丝间距、检测提离距。而断丝间距是被测部件的外部因素，无法控制。但检测提离距是仪器的重要参数，从图 2-14(a)和(b)看出在提离距不大于 4mm 时，P 点轴向分量的中间点将出现马鞍形波形，幅值变化大，而径向分量在该处产生拐点。提离距在 8mm 以上时波形较好，而且幅值变化不大，实际检测时很难保证检测提离距固定不变并考

虑到剐蹭等因素，本书将检测提离距选定为 10mm。虽然结合图 2-15 中的 4 幅仿真结果图来看，在保证被测部件内部通过的磁荷不变的情况下，L_1 与 L_2 的变换并不会很大地影响 P 点磁感应强度，但结合实际分析，L_1 越大，所需激励越大，L_2 越大，所需激励也将增大，同时对传感器的灵敏度要求更高。此外，考虑小间距激励的运动中磨蹭和装置的小型化问题，并且需要兼顾近距离激励下激励磁场对传感器的影响，本书最终将 L_1 设定为 10mm，L_2 设定为 150mm。

2.4.4 外部漏磁场

为了能够仿真出钢丝绳表面漏磁场情况，假设由直径为 d 的钢丝捻成半径为 r_1 的钢丝绳，其表面有一处断丝数为 1 的断丝缺陷，检测提离距与钢丝绳中心构成一个半径为 r_2 的圆，其横截面示意图如图 2-16 所示[20]。图中，O 为钢丝绳轴心，P 点是磁场检测点，θ 为 P 点与轴心连线同 y 轴夹角。为了避免讨论外部漏磁场透过钢丝绳在钢丝绳缺陷背面所形成的磁场情况，利用式(2-17)可以计算出钢丝绳表面漏磁场不透过钢丝绳的最大可测角度。

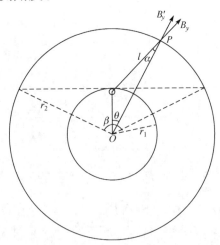

图 2-16 钢丝绳断丝缺陷处横截面示意图

$$\beta = 360 \arccos \frac{r_1}{r_2} \Big/ \pi \tag{2-17}$$

式(2-17)计算结果是角度制。磁偶极子参数特点与前面一致，检测点处和缺陷的感应距离 y 可以用式(2-18)进行计算得出：

$$y = \sqrt{\left(r_1 - \frac{d}{2}\right)^2 + r_2^2 - 2\left(r_1 - \frac{d}{2}\right)r_2 \cos\theta} \qquad (2\text{-}18)$$

结合式(2-19)和式(2-20)在 P 点的磁场强度的漏磁场分量 B_x' 与 B_y' 可以计算得出：

$$B_x' = B_x \qquad (2\text{-}19)$$

$$B_y' = B_y \cos\alpha \qquad (2\text{-}20)$$

其中

$$\begin{cases} \sin\alpha = \dfrac{d_s}{y}\sin\theta \\[4mm] \cos\alpha = \sqrt{1 - \left(\dfrac{d_s}{y}\sin\theta\right)^2} \end{cases} \qquad (2\text{-}21)$$

磁偶极子模型的其他参数设定如下：测量半径 r_2=25mm，钢丝绳半径 r_1=15mm，钢丝直径 d=1.5mm，断丝间距 2δ=2.5mm。图 2-17 为剩磁与非饱和磁激励下单断丝外部三维漏磁仿真分布情况。

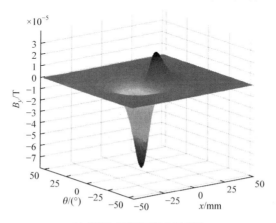

(a) 非饱和磁激励下径向漏磁场

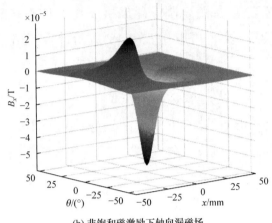

(b) 非饱和磁激励下轴向漏磁场

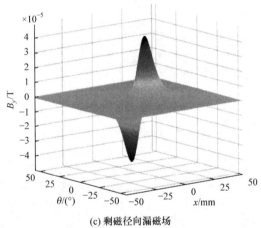

(c) 剩磁径向漏磁场

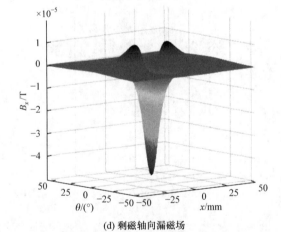

(d) 剩磁轴向漏磁场

图 2-17　钢丝绳单丝缺陷两种微磁场仿真分布

根据式(2-17)计算出可直接测量的角度为 106°，因此，设定测量时周向旋转的角度 θ 为–52°～53°，步进 1°。获得钢丝绳表面漏磁场的径向分量和轴向分量分别如图 2-17(a)与(b)所示。在相同的检测参数、钢丝绳参数和缺陷参数下，结合 2.4.3 小节中的剩磁断丝仿真结果，对剩磁下的三维 MFL 进行了仿真，其剩磁径向分布情况如图 2-17(c)所示，而图 2-17(d)为轴向剩磁分布情况。该仿真结果是对钢丝绳进行了理想化处理，忽略捻距所产生的股波，反映了该模型的信号分布情况，可作为后续对检测信号分析时的一个参考。

2.5　模 型 对 比

为了验证非饱和磁激励下的钢丝绳断丝漏磁场强度比基于剩磁的钢丝绳断丝漏磁场强度高，本章对两种磁偶极子模型产生的外部漏磁场进行了仿真对比。对仿真中各个参数的设定如下：钢丝绳内部磁感应强度 B_ω 为 0.1T，外部磁化点磁荷与检测点 P 的轴向距离 L_1 为 150mm，径向距离 L_2 为 30mm，P_1 点磁荷密度是 P_2 点磁荷密度的 1.3 倍。断丝间距 2δ 取 3mm，检测提离距为 10mm，检测扫描长度为 0.06m，钢丝绳细丝参数与磁荷参数同前面一致。仿真后的轴向磁场变化如图 2-18 所示，分别表示了两个方向的分量强度，在绘制曲线时，为了凸显其幅度的差异，分别对各个曲线进行归一化，使其分布在轴向附近。

从图 2-18 的两个方向磁场分量强度对比图可以看出，非饱和磁激励下对钢丝绳缺陷所产生的漏磁场强度峰峰值都较强于剩磁机制下的缺陷漏磁场强度。并且，非饱和磁激励下的径向分量并不是关于缺陷中间点对称的一个变化趋势，而剩磁原理下产生的漏磁场是一个对称波形。同时，非饱和磁激励下的轴向分量也不是关于缺陷中心法线对称波形，产生波形畸变的原因是外部的磁偶极子。在激励一侧的磁感应强度受外部激励磁荷影响较另一侧明显，且空间内整体磁荷分布已不再均匀对称，整体的磁感应线发生移动，但对于不同断丝数目，漏磁场的中心将会由于磁场的叠加效应强度发生较大变化。可以看出，使用非饱和磁激励下的检测技术时，在多次测量之后，可认为铁磁性材料在检测时同时受到磁化作用和激励作用,因此这种非饱和磁激励下的漏磁分布情况可以看作铁磁性材料的磁化体与外部弱激励下的漏磁叠加的结果。

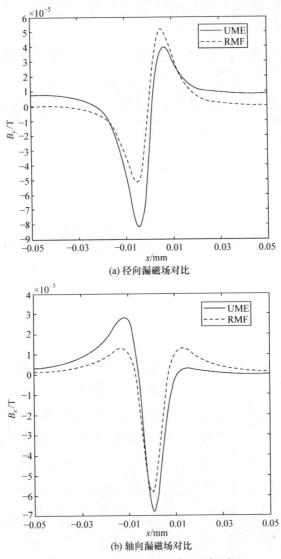

(a) 径向漏磁场对比

(b) 轴向漏磁场对比

图 2-18 两种微磁场磁场强度对比

2.6 本 章 小 结

本章提出了两种新型钢丝绳局部缺陷检测方法,即基于剩磁的缺陷检测方法和非饱和磁激励下的缺陷检测方法。为了探究两种检测方式所获取的信号分布规律，分别对两种检测原理进行理论分析，采用磁偶极子对两种方法的磁场分布模型进行数值求解，经过仿真分析获得一维和二维表面漏磁场分布图，最后对两种检测方法的一维仿真信号进行对比分析。经过研究和对比分析得出结论为：理论分析的磁偶极子模型合理地解释了两种检测技术的物理现象，为检测方法提供了理论支撑，同时两种检测技术对所有铁磁性物质具有同样的检测效果，因此，可应用于铁磁性物质的损伤检测中。从信号的峰峰值来看，非饱和磁激励下的信号比剩磁信号具有更高的幅值响应，因此，在检测小缺陷时非饱和磁激励下的缺陷检测方法具有更加可靠的检测结果。

参 考 文 献

[1] Tian J, Zhou J Y, Wang H Y, et al. Literature review of research on the technology of wire rope nondestructive inspection in China and abroad[C]. MATEC Web of Conferences, Xiamen, 2015: 03025.

[2] Tian J, Wang H Y. Research on magnetic excitation model of magnetic flux leakage for coal mine hoisting wire rope[J]. Advances in Mechanical Engineering, 2015, 7(11): 1-11.

[3] Gao G H, Lian M J, Xu Y G, et al. The effect of variable tensile stress on the MFL signal response of defective wire ropes[J]. Insight—Non-Destructive Testing and Condition Monitoring, 2016, 58(3): 135-141.

[4] Park S, Kim J W, Lee C, et al. Magnetic flux leakage sensing-based steel cable NDE technique[J]. Shock and Vibration, 2014, (2): 1-8.

[5] Gao G H, Qin Y N, Lian M J, et al. Detecting typical defects in wire ropes through wavelet analysis[J]. Insight—Non-Destructive Testing and Condition Monitoring, 2015, 57(2): 98-105.

[6] Wu J B, Sun Y H, Kang Y H, et al. Theoretical analyses of MFL signal affected by discontinuity orientation and sensor-scanning direction[J]. IEEE Transactions on Magnetics, 2015, 51(1): 1-7.

[7] Wu D H, Su L X, Wang X H, et al. A novel non-destructive testing method by measuring the change rate of magnetic flux leakage[J]. Journal of Nondestructive Evaluation, 2017, 36(2): 24.

[8] Wu J B, Hui F, Long L, et al. The signal characteristics of rectangular induction coil affected by sensor arrangement and scanning direction in MFL application[J]. International Journal of Applied Electromagnetics and Mechanics, 2016, 52(3-4): 1257-1265.

[9] Zhang D L, Zhou Z H, Sun J P, et al. A magnetostrictive guided-wave nondestructive testing method with multifrequency excitation pulse signal[J]. IEEE Transactions on Instrumentation and Measurement, 2014, 63(12): 3058-3065.

[10] Vanniamparambil P A, Khan F, Hazeli K, et al. Novel optico-acoustic nondestructive testing for wire break detection in cables[J]. Structural Control and Health Monitoring, 2013, 20(11):

1319-1350.

[11] Raisutis R, Kazys R, Mazeika L, et al. Propagation of ultrasonic guided waves in composite multi-wire ropes[J]. Materials, 2016, 9(6): 451.

[12] Schaal C, Bischoff S, Gaul L. Damage detection in multi-wire cables using guided ultrasonic waves[J]. Structural Health Monitoring, 2016, 15(3): 279-288.

[13] Peng P C, Wang C Y. Use of gamma rays in the inspection of steel wire ropes in suspension bridges[J]. NDT & E International, 2015, 75: 80-86.

[14] Cao Q S, Liu D, He Y H, et al. Nondestructive and quantitative evaluation of wire rope based on radial basis function neural network using eddy current inspection[J]. NDT & E International, 2012, 46: 7-13.

[15] 林其壬, 赵佑民. 磁路设计原理[M]. 北京: 机械工业出版社, 1987: 30-33.

[16] Shcherbinin V E, Pashagin A I. Influence of the extension of a defect on the magnitude of its magnetic field[J]. Soviet Journal of NDT, 1972, 8(4): 441-447.

[17] Shcherbinin V E, Pashagin A I. Fields of defects on the inner and outer surfaces of a tube during circular magnetization[J]. Soviet Journal of NDT, 1972, 8(2): 134-138.

[18] Huang H H, Yao J Y, Li Z W, et al. Residual magnetic field variation induced by applied magnetic field and cyclic tensile stress[J]. NDT & E International, 2014, 63: 38-42.

[19] 姜寿亭. 凝聚态磁性物理[M]. 北京: 科学出版社, 2003: 1-100.

[20] 曹印妮. 基于漏磁成像原理的钢丝绳局部缺陷定量检测技术研究[D]. 哈尔滨: 哈尔滨工业大学, 2007: 22-27.

第3章 基于弱磁的钢丝绳检测平台设计

3.1 引 言

漏磁场检测系统的设计关系到检测出的缺陷信号的信噪比、可靠性和可判别性。实验中检测系统的磁化不均匀会导致信号的通道不平衡；若设计的磁化部件的磁场过强，传感器输出将会很大程度上偏离线性区。此外，检测装置的传感器类型选择也极为重要，不同的检测环境、损伤判定和检测精度对传感器的要求都有所差异[1]。当金属材料导磁性能较低，或者表面有磁性渣滓附着时，还需要设计微磁场放大结构。传统钢丝绳漏磁场检测方法原理图如图 3-1 所示，在强磁的检测法中，将钢丝绳磁化至饱和状态以产生漏磁场[2]，使得缺陷横截面处的磁通密度达到最大值，多余的磁力线只能泄漏到空气场再回到钢丝绳内部形成回路；而本书所提出的弱磁法利用的是铁磁金属在受外部磁化场激励后由于磁畴的变化在宏观上形成的微弱漏磁场。

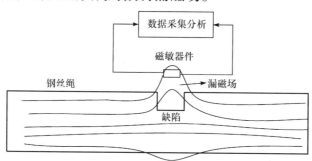

图 3-1 传统钢丝绳漏磁场检测方法原理图

采用相应的磁敏器件检测漏磁场，可以实现缺陷的定位和定量分析。本章在第 2 章的仿真基础上分别对两种检测方法的实验原型机进行设计，以钢丝绳为实验对象。两种弱磁场检测方法都采用高磁灵敏度

(high magnetic sensitivity, HMS)传感器，以 ARM9 作为数据采集系统控制器，依据第 2 章对表面磁场强度的仿真结果设定传感器检测提离距。本章分别设计两种检测方式的磁化装置和检测结构，检测控制板中设置系统的电源模块、信号调理模块、数据转换模块和脉冲模块。在设计出两种检测方法的实验原型机之后，对检测出的实测信号与仿真信号进行比较，同时对两个实测信号的性能进行对比分析。

3.2　钢丝绳弱磁采集系统结构

3.2.1　检测装置磁化结构设计

从第 2 章对两种弱磁下钢丝绳的漏磁场分析中可以看出，钢丝绳作为一种绕制而成的铁磁性金属部件，在外部磁场的激励下可以自发地产生微弱的剩余磁场。而结合图 2-1 所示的微观磁畴变化，基于剩磁的钢丝绳磁化装置需要满足的条件是磁化强度足够大，使钢丝绳内外部都能够产生微弱磁场。

根据磁化的方式，磁化器可分为电流磁化、永磁磁化和综合磁化。其中电流磁化根据产生磁场的电流方式又可以分为交流磁化和直流磁化；永磁磁化是指采用永磁铁作为磁化源；综合磁化是指结合了两种以上磁化方式的磁化器，通常应用于大直径钢丝绳检测[3]。永磁铁作为磁化源具有体积小、重量轻、性价比高和安装使用便携等优点。传统的强磁磁化结构采用励磁源、磁轭和钢丝绳三个部分来形成磁回路，对于磁化装置的研究主要是为了使钢丝绳局部磁化均匀、饱和，磁化装置通过设计多磁化回路结构使钢丝绳磁化状态均匀。传统漏磁检测的磁轭装置主要适用于形成磁回路和为传感器的放置提供足够空间。经过持续地仿真研究与技术改良发现，设计环形的磁化装置对钢丝绳的磁化最为均匀，并且使用径向磁场来磁化钢丝绳是一种最为理想的磁化方法，其形成的磁回路对磁源的利用率更高，对被测钢丝绳的饱和磁化更为均匀[3]。参考传统的强磁研究成果，剩磁检测也需要将钢丝绳磁化至均匀饱和，但是，由于无须采用磁轭来构成磁回路，并且剩磁法的磁化和漏磁检测过程分离，无须预留一定空间放置磁敏感器件，因此，本章采用如图 3-2 所示的磁化器。该磁化器采用钕铁硼永磁条作为激励源，永磁体长度为 28.6mm，直径为 4.7mm，材料剩磁强度为 1.18T。

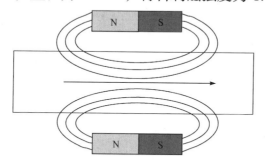

图 3-2　剩磁法磁化器轴向截面示意图

从图 3-2 可以看出，该磁化器省略了传统磁化器中所使用的磁轭结构，从而使装置的体积和重量大大减小。

不同于剩磁检测法中需要将钢丝绳磁化至饱和状态，基于非饱和磁激励下的钢丝绳检测方法只需要让钢丝绳局部具有磁性即可在被磁化的近表面产生漏磁场。并且磁化中钢丝绳的磁化强度更小，需要的磁条数量更少。使用更少的永磁铁可以进一步减小励磁部分的体积和重量，使检测装置具有更好的便携性。设计中永磁体的参数和剩磁法中的永磁体参数相同，为了能够开放式磁化，磁铁采用平行于钢丝绳表面放置，磁源通过空气场与钢丝绳形成磁化回路。处于磁源正下方的钢丝绳磁感应强度是最强的，而距离磁化中心点越远，钢丝绳的磁感应强度越弱。通过实验检测验证，在钢丝绳磁化中心距离为 14～17cm 处最适合非饱和磁激励漏磁信号的检测；磁铁和钢丝绳表面距离不宜过近，一方面太小的间距可能会导致检测装置和钢丝绳翘丝发生剐蹭，另一方面过小的磁化间距会导致在移动中微小的抖动都使得磁化波动变大，使传感器与磁化部件的距离增加，从而使检测装置体积变大。同剩磁磁化器类似，为了将钢丝绳均匀磁化采用多回路的磁化方式，从而设计出如图 3-3 所示的非饱和磁化器，该部件和系统的检测装置放置在一块，系统的磁化和检测同步进行，设计出非饱和磁激励检测装置磁化部分。

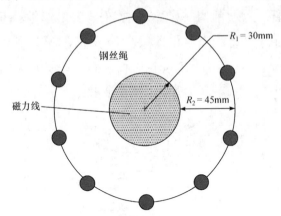

图 3-3 非饱和磁化结构示意图

图3-4为非饱和磁化下钢丝绳检测中磁化器与漏磁场检测点之间的关系结构示意图，以直径为 30mm 的钢丝绳为例，其设计的磁化间距为 15mm，磁化器中间点与磁敏感器件之间的距离约为 160mm，该值是通过反复测量后设定的经验值。总结实验可以得出结论：当被测的钢丝绳直径略大时，需要调节传感器位置到接近 180mm；相反，当钢丝绳直径较小时，将传感器调节至 150mm 位置可以获得较好信噪比的缺陷信号。

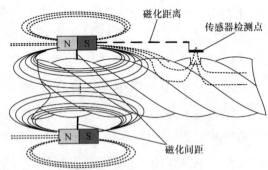

图 3-4 非饱和磁化器与检测点之间的关系结构示意图

3.2.2 检测装置整体结构设计

剩磁检测装置整体结构设计和实验实施过程可以设计为磁化过程

和检测过程。3.2.1 小节中已经对剩磁磁化器进行了设计，对经过制作完成的实验原型机在实验中的使用情况来看，磁化器所能产生的磁化强度不超过 50mT，对于钢丝绳的磁化过程最好进行 2～3 次，磁化时必须保持每次磁化的磁化方向一致。检测的过程如图 3-5 所示。

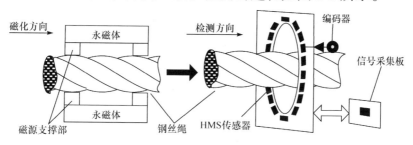

图 3-5　钢丝绳剩磁检测流程

从图 3-5 中可以看出，剩磁法的检测流程略微烦琐，需要先对钢丝绳进行饱和磁化再进行磁场检测，但在进行一次完整的磁化过程之后，其后的重复检测无须再进行磁化，钢丝绳的漏磁场依旧有效。在整个检测过程中，检测系统分为两部分，系统结构比较复杂、操作烦琐、体积大。为解决这些问题，提出非饱和磁激励下的检测方法，具有结构更加简单、重量轻、体积小和检测信噪比高的优点。图 3-6 为钢丝绳非饱和磁激励下的检测方法系统结构和检测示意图。

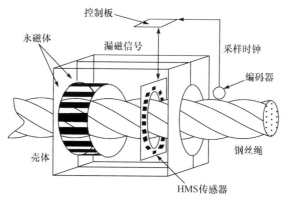

图 3-6　钢丝绳非饱和磁激励下的检测方法系统结构和检测示意图

3.2.3　钢丝绳实验平台

　　本小节在实验室中进行钢丝绳断丝损伤检测系统设计以及相关标准断丝样本测量。实验室中设计了一个长 6.37m、宽 0.7m、高 0.93m、直径为 28～32mm 的钢丝绳撑起拉直的钢丝绳支撑架。该架子上自带一个移动小车，小车放置于支撑架两列钢轨上用于带动检测系统平稳移动，小车的长度为 0.55m、宽为 0.5m，支撑架的钢丝绳有效支撑长度为 5.75m，因此钢丝绳拉直部位的可检测长度为 5.2m，具体实验平台视图和结构参数如图 3-7 所示。

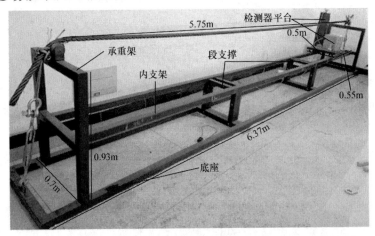

图 3-7　钢丝绳实验平台

　　实验中分别选用直径为 28mm、30mm 和 33mm 钢丝绳，结构皆为 6×37 FC(纤维绳芯)共计 7 条钢丝绳(1 号～7 号)作为实验样本。每个样本制作断丝缺陷都包含了 1～5 丝、7 丝，各个样本的具体断丝缺陷个数不同，对每个缺陷首先进行小间距断丝检测实验，断丝宽度约为 2.5mm；然后，将断丝缺陷两端翘起约 0.5cm 作为翘丝缺陷检测标准；最后，再将翘起部分切割作为大间距缺陷样本进行实验，其断丝间距约 1cm，此外，本小节还对磨损缺陷的可测性进行了实验。以 4 号样绳为例，其标准断丝损伤情况如下：该绳共长 6.5m，可测距离约为 5m。在绳上的 1.1m 处制作了一个磨损伤点，在 1.22m 处制作了 3 丝断丝缺陷，在 1.46m 和 1.67m 处分别制作了一个断丝间距约为 1.5mm 的 1 丝断丝

缺陷,在 2.02m 处制作一个断丝间距约为 2mm 的 2 丝断丝缺陷,在 2.52m
处制作断丝间距约为 2mm 的 3 丝断丝缺陷,在 3.04m 处制作了一断丝
间距约为 2.5mm 的 5 丝集中断丝缺陷,在 3.97m 处制作一断丝间距约
为 3mm 的 7 丝断丝缺陷,在 4.31m 处制作一个断丝间距约为 1.5mm 的
4 丝断丝缺陷,所制作的各缺陷如图 3-8 所示。

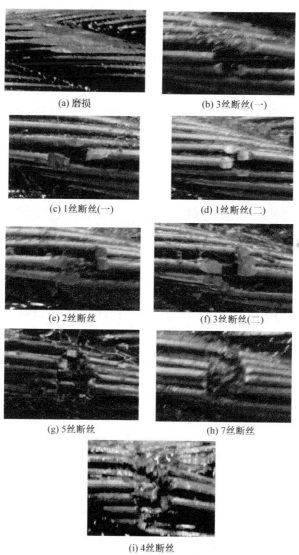

(a) 磨损　　　　　　　　　　(b) 3 丝断丝(一)

(c) 1 丝断丝(一)　　　　　　　　(d) 1 丝断丝(二)

(e) 2 丝断丝　　　　　　　　　(f) 3 丝断丝(二)

(g) 5 丝断丝　　　　　　　　　(h) 7 丝断丝

(i) 4 丝断丝

图 3-8　制作各种典型断丝图

3.3　采集系统硬件系统

钢丝绳磁化部件设计完成后,对剩磁和非饱和磁激励信号采集系统中的硬件系统进行具体设计。钢丝绳作为铁磁金属在经过饱和磁场的充分磁化之后将会在其中段产生微弱剩磁。在断丝缺陷处产生的漏磁场大小在实验测量中不超过 3Oe(1Oe = 79.5775A/m),其中,制作的人工标准断丝数量不超过 7 丝。但是钢丝绳两端由于整个绳体的剩磁磁力线叠加产生磁极,磁极的磁场强度远大于缺陷所产生的漏磁场,因此,在实验测量中忽略两端磁极检测。非饱和磁激励是在该实验条件下进行的,本书中非饱和磁激励检测系统的采集系统和剩磁采集系统一致。

结合系统基本需求对采集系统的硬件进行模块化设计,整个数据采集系统的硬件部分可以划分为以下模块:电源模块、信号调理模块、数据存储模块、传感器阵列模块、编码模块(脉冲发生模块)、通信模块和控制核心模块。具体的系统硬件框图如图 3-9 所示,为了检测出柱状钢丝绳表面漏磁场,本书中将 HMS 传感器分为两个板,两个板合并后形成一个圆形孔,其中,电源模块主要为系统的各个部分提供相应的电源;信号调理模块完成对差分信号的放大并转换成共模信号,并将信号调整至模数转换器(analog-to-digital converter, ADC)可以采集到的电压范围内;数据存储模块用于存储系统中采集到的各个通道弱磁场数据和记录采样脉冲数;脉冲发生模块主要根据采集系统移动的距离来产生等空间采样脉冲信号,保证对钢丝绳表面弱磁场的采集达到均匀等空间采样效果;而控制核心模块是整个采集系统的控制器所在,它负责为系统提供ADC,将模拟信号转换成数字信号,协调各个模块之间的运作,接收脉冲发生模块的信号来启动 ADC 进行信号转换,并切换传感器阵列的各个通道完成阵列板数据采集,然后将采集到的阵列数据连同采样脉冲数记录在 SD 卡中,以便用户下载进行进一步处理,判断缺陷。

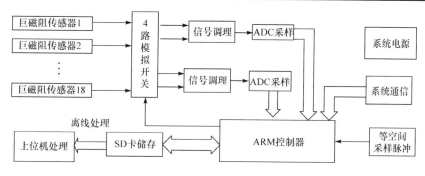

图 3-9　弱磁场采集系统硬件结构图

系统的核心控制器采用 STM32F407，该芯片具有丰富的片内资源，高工作频率，可达 168MHz，片内资源有 3 个 12 位的 ADC，其转换速度可调整为 2.4MSPS 或交错式采集达到 7.2MSPS；片内定时器多达 17 个，定时频率峰值可达 168MHz，定时器有 16 位与 32 位两种；支持常用的 USART、SPI、I2C、CAN 和 SDIO 等五种通信模式，其中，SPI 通信速度高达 45Mbit/s，而标准 SDIO 通信速度超过 100Mbit/s。该芯片是一款 32 位具有浮点运算能力的控制器，内部有 1MB SRAM，外部存储扩展方式灵活，可以实现 Flash、SRAM、PSRAM、NOR 和 NAND 等存储器的外部运行内存扩展，芯片设计出的系统可扩展性能强，采样速度和存储速度快，根据 ADC 的采集最快速计算，设计出的 MFL 采集系统采集运动速度理论值可达 90m/s，完全满足系统设计的需要。

3.3.1　HMS 传感器阵列设计

钢丝绳漏磁场信号采集系统设计的核心是选择合适的磁电转换传感器。已有的磁敏感传感器包括感应线圈、霍尔传感器、磁阻传感器和隧道式磁阻传感器，其中，感应线圈采集的是磁感表面的磁通和，设计不同的磁感应线圈可以检测出磁通总量，但是其灵敏度较低，对钢丝绳表面磁场强度要求较高，即使是传统的强磁检测方法也难以检测出钢丝绳中缺陷漏磁场，但是对于大面积的 LMA 和 LF 具有很好的定性检测结果；而霍尔传感器是基于霍尔效应提出的一种集成传感器，它在强磁检测中应用比较广泛，具有较宽的磁感应线性范围，但其磁敏感度较低而难以检测出微弱磁场信号；磁阻传感器在几种传感器类型中具有较高磁灵敏度，它是利用多层金属膜在微小磁场中电阻发生巨大变化的原理制作而成的，在地磁场、弱磁测量和生物传感器中应用广泛，但是它的输出只与磁场强度有关，无法输出磁场的方向；隧道式磁阻传感器原理是量子力学引起电子迁移现象，具有较高的频率输出和幅值输出，在磁场角度测量中应用最多，但是其价格较高。经过对比和实验测量，本书选用某型高灵敏度磁阻传感器作为磁场测量元器件，该器件的电压输出特性如图 3-10 所示，图中电压输出曲线的温度条件为 25℃。

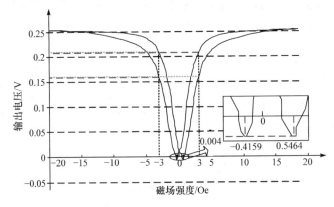

图 3-10　HMS 传感器电压输出特性

该型号 HMS 磁阻传感器对弱磁场的线性输出范围是 0.6～3.0Oe，灵敏度为 11～18mV/(V·Oe)，以 5V 供电取灵敏度均值为例计算，其电压输出范围为 26.1～217.5mV，且单极性输出，即只能够输出磁场强度相应的电压，而不能对磁场方向的变化进行响应。此外，根据巨磁阻效应而制作的传感器由于磁滞效应与输出的滞后性，对双极性磁场测量时会发生电压翻折，且在测量双极性磁场变化时磁滞效应会增强，而利用该传感器的输出特性对小缺陷和大缺陷之间提供一个新的区别信息，使得信号的可区分度增加。

　　根据选用的传感器尺寸大小设计出传感器阵列检测板，绘制相应的电路原理图和印制电路板图，设计中为了对单块板的传感器信号进行选择输出到调理模块，选用多通道模拟复用器对传感器选择轮流输出信号。由于传感器输出电压为差分信号形式，而单块传感器阵列板的传感器数目为 9 个，每个复用器能够对 16 个信号源进行单一选中输出，因此，每套传感器阵列板需要 4 个模拟开关器件，本书中选用的模拟开关型号为 CD74HC4067，该型号模拟开关是 16 选 1 输出的 5V 供电多通道复用器，设计选用 24 针脚直插封装，如图 3-11 所示。

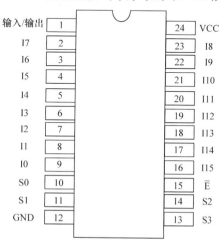

图 3-11　CD74HC4067 管脚图

S0 到 S3 是选通输入端，与控制器的 I/O 口连接，电源采用 5V 供电，由于单块传感器阵列板只有 9 个 HMS 传感器，因此，每个复用器只占用了 9 个复用通道，复用器的真值表如表 3-1 所示。

表 3-1　复用器真值表

S0	S1	S2	S3	$\bar{E}$	选用通道	S0	S1	S2	S3	$\bar{E}$	选用通道
×	×	×	×	1	无	0	0	0	1	0	I8
0	0	0	0	0	I0	1	0	0	1	0	I9
1	0	0	0	0	I1	0	1	0	1	0	I10
0	1	0	0	0	I2	1	1	0	1	0	I11
1	1	0	0	0	I3	0	0	1	1	0	I12
0	0	1	0	0	I4	1	0	1	1	0	I13
1	0	1	0	0	I5	0	1	1	1	0	I14
0	1	1	0	0	I6	1	1	1	1	0	I15
1	1	1	0	0	I7						

3.3.2　系统电源模块

系统电源是整个系统正常工作的基础,尤其是传感器器件需要稳定可靠的输入电源,因为信号的质量直接受到供电电压的影响,质量良好的电源才能使传感器输出可靠、低噪声模拟信号。系统电源部分需要对控制器芯片、传感器、差分放大器、光电编码器模块和通信模块供电,其中,控制器芯片需要供电电压为 3.3V 的电源;差分放大器需要双极性供电,其典型供电电压为±5V;传感器、光电编码器模块和通信模块使用电压为+5V 的电源。

系统需要从工频电源获取系统供电,为了简化系统的交流电设计流程采用工频 AC-DC(交流-直流)电源块来获取+9V 系统供电电源,以满足整个系统的功耗要求。在已有+9V 直流电源的情况下,根据系统各个模块对电源质量的需求需要先将系统供电应用 DC-DC(直流-直流)变换转换成±5V 电压,再由+5V 电压通过 DC-DC 变换成 3.3V 的核心芯片供电。

1. 电源斩波电路

本书选用 MPS 公司的 MP2359 款电源芯片设计第一步的 DC-DC 降压产生系统,该芯片可以输出 1.2A 电流,内部电源开关电阻小、电源转换效率高达 92%,输入电压范围具有 4.5~24V 以及 0.81~15V 的宽输出电压特点。它是一款电流型斩波器,其输出电压与电感的峰值电流成正比。芯片带有转换启动引脚 EN 使能端,当芯片电压高于 1.2V 时芯片开始工作。BST 引脚是引导启动引脚,与 SW 引脚之间连接电容器来形成一个波动电压并施加于电源开关上,因此,该电压值应该大于芯片内部斩波开关电压。而 GND 接地端为了防止开关电流峰值引起的电压噪声,需要与电压输出引脚之间设定一个二极管或者电容器。反馈端引脚 FB 是用外部分压电阻来设定输出电压,为防止在短暂电路故障时的过大电流,当该引脚的输出电压低于 0.25V 时,频率反馈比较器降低斩波振荡时钟频率。而 IN 引脚即为输入斩波电源引脚,为防止大电压峰值干扰出现在输入端,需要接入一个接地电容。而 SW 引脚用于选择输出。

　　MP2359 芯片的输出电压需要根据外部分压电阻设定,图 3-12 为设计的芯片典型电路,反馈电阻 R_4 同芯片内部的补偿器共同设定了反馈回路带宽,通过设定该电阻值,其分压电阻值 R_2 可以由以下公式计算给出:

$$R_2 = \frac{R_4}{\dfrac{V_{BTN}}{0.81V} - 1} \tag{3-1}$$

其中, V_{BTN} 是设计输出电压值。

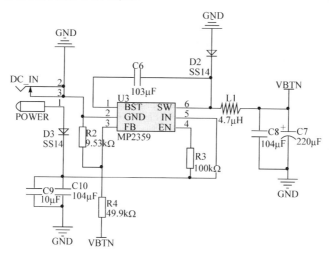

图 3-12　9V 降压至 5V 电路

　　在实际应用中需要在输出端设定一个 1~10μH 的电感,其额定直流电流值应该大于输出设计最大电流的 25%,为了最大化转换效率,电感的直流电阻值应该小于 200mΩ。该电感值依据经验设计公式应该符合

$$L = \frac{V_{out}(V_{IN} - V_{OUT})}{V_{IN} \Delta I_L f_{SW}} \tag{3-2}$$

其中, ΔI_L 是电感的纹波电流,通常设定其值为最大负载电流的 30%,

当负载电流较小时(低于 100mA)，该电感值需要设定较大值来提高芯片的转换效率。输入电容器主要用于抑制输入电压和开关引起的噪声干扰，通常采用 4.7μF 电容器。而输出电容器主要用以减小输出纹波电压，确保反馈回路的稳定性，在常用设置中，22μF 的瓷片电容可以达到该效果。为减小输入启动端输入的大电流，在 EN 引脚上放置了 100kΩ 的限流电阻。

2. 脉冲宽度调制(PWM)转换电路

通过转换获取+5V 电源后需要为差分放大器设计–5V 电源，本书选用德州仪器的 TPS6735 来产生–5V 电压。该电源芯片的特点在于提供固定–5V 电压，最大输出电流为 0.2A，输入电压范围为 4～6.2V，典型的电源转换效率为 78%，其内置 PWM 控制器，内置斩波时钟 160kHz，可以采用软件启动方式进行控制转换。芯片有 8 引脚的直插封装和 SOIC 两种，本小节中采用 SOIC 封装，节约印制电路板空间。采用该芯片进行电源设计只需要添加外部电感、输入/输出滤波电容、接地滤波电容和肖特基整流器即可完成电压转换。它采用的是 P 型 MOSFET 开关、160kHz 电流斩波 PWM 控制器。其引脚中 EN 为使能引脚，当该引脚电压超过 2V 时启动转换芯片，当电压低于 0.4V 时关闭芯片；REF 引脚输出 1.22V 的参考电压，并能够为负载提供 125μA 电流；SS 引脚为软启动引脚，当该引脚连接一个电容器到 GND 时，输出电压将会缓慢上升；COMP 引脚是补偿器引脚，外接一个电容器用以稳定反馈回路；FB 引脚是反馈引脚，它连接了内部 DC-DC 转换器的输出；OUT 引脚是电源漏极连接点。图 3-13 为该转换芯片的典型应用电路。

在电源转换启动时，软启动电容器通过缓慢地增加开关电流限制使转换器有规律地开始工作。软启动的时间是受 SS 引脚的旁路电容控制的，该引脚的外接最小电容值为 10nF，而为了最大限度地保护用电核心芯片，设计中将该引脚悬空，使输出以最慢的速度上升。TPS6735 输出电感外接标准值为 10μH，在外接最大负载时，该电感值能提供的饱和电流值应该远大于峰值开关电流值，该电感值可以确保能够提供完整的输出电压和电流范围。输出滤波电容的等效电阻应该比较小，这样才能最小化输出纹波电压，例如，当输出电流为 0.2A 时，等效电阻为 100mΩ 的电容器可以将输出纹波电压抑制到 90mV 甚至更小。选用最大连续电流为 1A 的肖特基二极管或者高速整流器使器件能提供最大负载。电路需要设计一个低通滤波器来抑制输出纹波电压，根据芯片开关频率，该低通滤波器的截止频率应该是 7.2kHz，并且 FB 引脚应该接入该低通滤波回路，这样输出纹波电压可以减小到 5mV。此外，由于 EN 端直接连接了+5V 电源启动转换芯片，因此，需要接入一个限流电阻保护器件。而根据设计手册，经过其计算给出的典型补偿旁路电容器大小为 82pF。从而设计出的–5V 电源电路如图 3-13 所示。

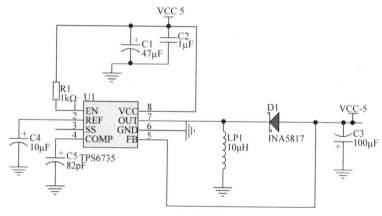

图 3-13　–5V 电源电路

3. 稳压电路

采用+5V 电压产生 3.3V 电压可以考虑用稳压器来转换，本书中采用 AMS 公司的 AMS1117 系列稳压芯片，该芯片可以提供固定输出电压和可调节输出电压两种模式，该系列稳压芯片可以固定输出电压为 1.5V、1.8V、2.5V、3.0V、3.3V 和 5V 且电压精度为 1%，输出电流为 0.8A，最大电流输出时电压跌落不超过 1V，由于系统的 3.3V 用电只有核心芯片，则该技术参数满足本书中核心芯片对于电压的要求，因此，直接采用 3.3V 稳压输出芯片，输入端接入 5V 电源，从而该部分电路设计较为简单，器件采用 SOT-223 封装，输出端旁路电容组用以稳压和滤除电压纹波。图 3-14 为+3.3V 稳压电源电路，其中，设计了一个+5V 电源输入开关，也是整个系统的+5V 电源供电开关，V_OUT1 和 V_OUT2 是预留的电源接口。

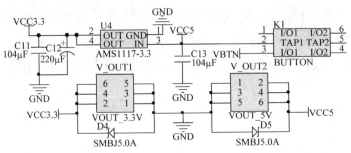

图 3-14　+3.3V 稳压电源电路

3.3.3　编码器模块

由于钢丝绳表面微弱磁场分布于钢丝绳表面周围的空气场中，为保证对钢丝绳表面进行均匀采集，采用等空间采样方式。为对信号获得足够高的采样精度，本书采用光栅编码器等间距地发出采样脉冲。编码器采用空心轴结构，空心轴孔直径为 30mm，内孔径旋转一周 A 相输出端的脉冲数目为 1024 个，结合仿真中对于较小断丝间距的仿真信号宽度为 10mm，根据奈奎斯特采样定律推算出，对于脉宽为 10mm 的信号，其物理采样间距最大为 5mm。设计一对周长约为 0.31m 的导轮作为传动轮，通过一个轴带动编码器内孔旋转发出等空间脉冲。该编码器系统发出的等空间脉冲间距约为 0.3mm，该采样空间频率 $f_s \gg f_c$，其中，f_s 是采样频率，f_c 是固定频率，满足奈奎斯特采样定律，可以不失真地对信号进行采样。图 3-15 为设计的光栅编码器导轮组结构示意图，从图中可以看出两个旋转导轮带动编码器内孔转动，导轮与内孔旋转角速度一致，而导轮的旋转圆周约为 0.31m，即导轮组每运动 0.31m，编码器向控制器发送 1024 个采样脉冲。

光栅编码器在等空间上发送采样脉冲后经过一个光电耦合器将采样脉冲传递给检测采集系统，其中，光电耦合器具有隔离作用，它能够将编码器中的高频噪声隔离使采样脉冲质量提高,而光电耦合器的四个引脚按照常用结构进行设计,即输入端接相应的上拉电阻和输入限流电阻;输出端接上拉电阻和输出整形电阻。为了抑制过渡带,使用两个反相器将滤波后的采样脉冲进行整形使方波过渡带更窄,上升变化快、波形好,设计出编码器采样脉冲整形电路如图 3-16 所示。

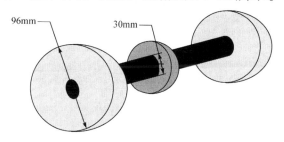

图 3-15 光栅编码器导轮组结构示意图

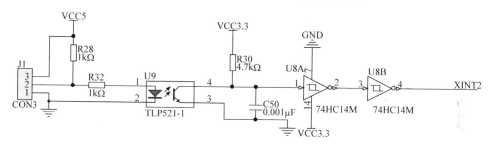

图 3-16 编码器采样脉冲整形电路

3.3.4 信号调理模块

本书选用的 HMS 传感器输出是一种幅值较小的差分电压信号。根据传感器特性,其输出电压的最大线性值为 270mV,且为差分电压信号,而 ADC 只能对共模信号进行模数转换。因此,首先需要将传感器的差分模拟信号转换成共模输出的弱磁场电压信号,本书选用 INA118P 差分放大器对信号进行转换和放大。该芯片具有低偏置电压/电流、低温漂、高共模抑制比(common mode rejection, CMR)、输入保护、宽供电电压和低静态电流特性,其内部包含三个集成运算放大器,即使在高频率、高增益下,芯片内部的电流反馈依旧能够提供较宽的带宽。它的实际应用连接比较简单,根据需要的放大倍数 G 设计出相应的电阻值,

接入 R_G 两端即可，并用式(3-3)来计算出增益大小：

$$G = 1 + \frac{50\text{k}\Omega}{R_G} \tag{3-3}$$

该放大器引脚的 REF 端可用于将转换后的信号进行抬高，即输入端电压与输出端电压的关系满足

$$V_{\text{out}} = \left(1 + \frac{50\text{k}\Omega}{R_G}\right)(V_{\text{IN}}^+ - V_{\text{IN}}^-) - 2\text{REF} \tag{3-4}$$

其中，V_{IN}^+、V_{IN}^- 分别是差分输入的正端和负端；REF 是平衡端接入电压值。但是，根据芯片手册，使用该平衡端来进行电压直流上抬时会导致芯片的 CMR 降低，例如，REF 端接入一个 12Ω 电阻时将会让芯片的 CMR 降低 80dB，因此，本书将该引脚直接接地，转而设计一个减法电路来对信号进行基线抬高，对弱磁信号注入直流分量，使 ADC 能够不失真地采集信号。图 3-17 为设计的弱磁信号差分转换与基线抬高电路原理图，其中，差分放大器的增益倍数经过计算约为 7 倍。

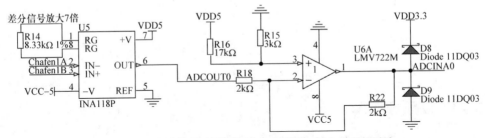

图 3-17　弱磁信号差分转换与基线抬高电路原理图

本书中所使用传感器差分信号的最大线性输出电压能够达到 270mV，经过 7 倍放大后 INA118P 输出电压最大线性值为 1.84V，因此，采用加法电路来抬高信号基线的叠加电压应该大于该值，而过大地抬高电压会导致在出现负电压时超出 ADC 电压转换量程。综合考虑和实验测量将 R_{16} 和 R_{15} 两个分压电阻分别取值为 17kΩ 和 3kΩ，即本书中对差分电压的基线抬高为 1.9V，信号的波动大于 0.06V 以上。此外，为了防止共模电压超过 ADC 采集最大电压 3.3V，在信号调理输出端设计一对二极管用以保护核心芯片的 ADC 转换芯片。

3.3.5　数据存储模块

由于信号的空间采样频率高，采集到的数据量大，因此，本书采用 SD 卡来进行数据存储设计。SD 卡存储量大，存储速度较快，支持 SPI 和 SDIO 两种模式进行数据传输存储。其中，SPI 与 SDIO 两种模式的区别在于：SPI 模式只有两根数据线，在传输中一根线用于发送数据，另一根线用于读写数据，是一种双工模式的通信方式；而 SDIO 是在 SD 卡协议上增加了低速传输，它的全速传输率可以超过 100Mbit/s，具有很大的弹性工作模式，具有四位数据传输位，可以工作于 SPI、1 位和 4 位三种传输模式，其总线定义中数据位的第二位可以复用为中断端口。本书中选用的 ARM 芯片具有内部集成的 SDIO 接口，因此，采用该模式下的 SD 卡存储设计，设计中在所有的数据位和命令端口都采用 47kΩ 的上拉电阻，接地端和电源端设计了瓷片电容隔离滤波，设计出的存储模块电路如图 3-18 所示。

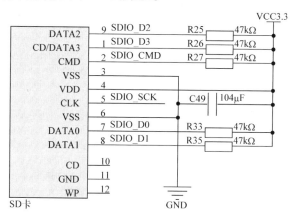

图 3-18　存储模块电路原理图

3.4　采集系统软件系统

软件系统可实现硬件的设计功能，协调好各模块之间的时序可以最大化地发挥硬件系统的功能。同时，软件系统设计的合理性、高效性才能更好地发挥出各个模块的性能，让系统在采集过程中高效运作，不易发生数据丢失事件,在不浪费芯片资源的同时使系统扩展性和通用性更好。整个软件系统根据 3.3 节硬件系统的设计可以分为主程序设计、中断模块程序设计以及对控制器内部 A/D 转换程序设计。其中,主程序设计完成以下任务:系统使用到的各中间变量寄存器和使用到的器件初始化;建立第一个数据保存文件并打开;对 18 个传感器完成轮流采样;每次采样脉冲完成数据采集和读取 ADC 量化值,最后将数据一并保存。外部中断模块设计程序主要完成按键任务安排,包括实现新文件的创建、采集完成和文件关闭等功能。控制器内部 A/D 转换的程序设计主要是调整时序控制启用两个 ADC 同时工作,同时需要配置每个转换器的转换时间。

3.4.1　系统主程序设计

软件系统的主程序是整个软件系统的入口和运行的开端,对于该部分的设计和规划应该建立在对整个硬件资源的调配之上。本书中对钢丝绳弱磁检测系统的软件部分主程序设计流程图如图 3-19 所示。

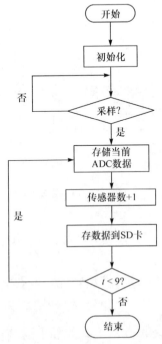

图 3-19　主程序设计流程图

软件系统的初始化部分包括：中间变量寄存器初始化、I/O 口设置初始化、外部中断初始化、ADC 初始化、通信串口初始化、数据存储空间初始化、内部存储空间初始化。对 SD 卡是否存在进行判断，若没有，则报警提示并等待插入 SD 卡，然后挂载 SD 卡，并为存储数据申请空间，在 SD 卡中创建一个文档用于保存采集数据；设计循环首先判断采集脉冲计数是否发生增加，并将变化后脉冲数存储于文件的第一个空字符位置，脉冲的计数采用外部中断模式，因此，一旦在运动中瞬间速度过快将会使核心器件对存储运算不足从而导致数据丢失，并错误地记录运动脉冲数，因此，采用查询方式来完成采集，中断模式对于脉冲进行计数，一旦脉冲数发生变化即进入采集环节，在完成该次采集前，外部中断的脉冲变化不影响上次触发采集、储存操作；在查询到脉冲变化后将采集传感器阵列板上 18 个传感器的当前模拟量，使用两个 ADC 分别对两块半圆形检测板进行采集，即每个 ADC 采集完成 9 个传感器数据，因此，设计一个 9 次循环来完成数据采集，并将 18 个转换量放置于一个数组；最后将 18 个数据分别存入 SD 卡中，并在最后一次写入数据时写入回车字符换行。自此，一次完整的采集过程完成，跳转到脉冲变化查询当中，准备进行下一次的数据采集。

3.4.2 中断模块程序设计

中断模块主要实现按键功能和等空间采样脉冲的计数功能。中断模块程序内容和中断优先级流程如图 3-20 所示，外部中断数量共计 3 个，外部中断事件的触发条件分别是按键 0、按键 2 和采样脉冲。由于系统占用外部按钮较少，并且主程序当中数据的储存量较大，而两个功能按键的使用与数据存储冲突，因此，采用外部中断实现，其中，按下按键 2 触发的优先级为 2 的中断入口，该中断事件用于系统采集完成一次钢丝绳表面弱磁场数据后进行清除脉冲计数器、确认关闭文件并完成下一个文件的创建；而按键 0 用于在完成当前采集后无须进行下一次采集时的文档关闭、计数器清零。为了避免在主程序中对外部采样脉冲的计数造成遗漏，对等空间采样脉冲进行计数的功能使用外部中断来实现。

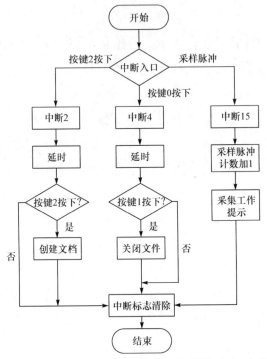

图 3-20　中断模块程序内容和中断优先级流程

3.4.3　A/D 转换程序设计

A/D 转换使用 STM32F407 内部集成 12 位模数转换器,根据芯片手册提供的集成调用函数库设计出该 ADC 模块的初始化模块,包括设置两个选用的转换器转换时钟频率、采样周期、输入通道、扫描模式、转换规则、时钟源等。其中,提高采样周期可以提高采样结果的精度并设置软启动模式。选用的两个 ADC 分别对传感器阵列的半圆形阵列板进行转换,每个转换器负责 9 个 HSM 传感器的数据转换。当主程序中接收到等空间采样脉冲数变换后,首先,选中传感器标号,将选中的传感器数通过控制器 I/O 口输出为 BCD 控制码;其次,通过多 ADC 同时采集模式将数据转换值存储于转换器内置 BUFF,调用软件读取该采样脉冲数下的转换值,分别按照传感器标号将数据依次排序存放于数组中,便于主程序中将该数组直接进行存储操作。ADC 转换流程如图 3-21 所示。

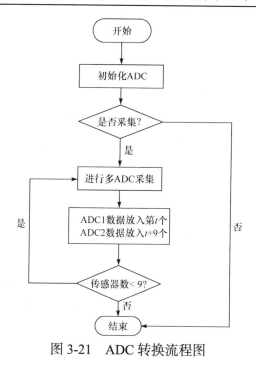

图 3-21　ADC 转换流程图

3.5　实验系统原型机

3.5.1　剩磁检测原型机

采用上述采集板和传感器板组合而成的检测系统，配套搭建而成的钢丝绳检测实验平台，整个检测系统的实验是在实验室中进行的，并以 4 号样绳为例进行原型机实验测试。采集系统的制作实物图如图 3-22(a)所示，其中检测系统的硬件系统和软件系统根据本章前面所述制作而成。对制作的标准小间距断丝缺陷的 4 号样绳进行 3 次磁化操作后，钢丝绳表面将带有均匀剩余漏磁场，然后，采用设计的采集系统对表面剩磁进行采集，存储于 SD 卡中，采集到的 18 个通道阵列原始信号如图 3-22(b)所示。可以看出采集到的剩磁通道间噪声大，相互间影响大，而且无法有效地检测出磁极附近的小缺陷，同时个别信号通道还有脉冲噪声干扰，因此，对于剩磁系统的降噪研究也将是本书的一项主要工作。完成降噪系统的研究才可有效地提取出缺陷信号，为后续钢丝绳缺陷的识别扫清障碍，提供可靠的钢丝绳缺陷漏磁场分布信息。

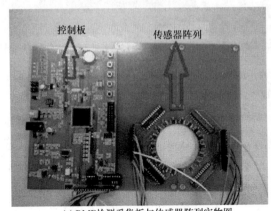

(a) RMF 检测采集板与传感器阵列实物图

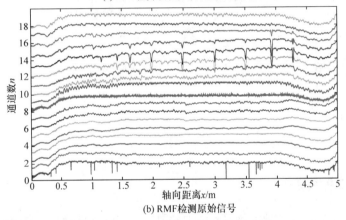

(b) RMF 检测原始信号

图 3-22　　RMF 检测系统检测板实物和 4 号样绳 RMF 检测原始信号

3.5.2　非饱和磁激励检测原型机

　　利用制作的同一检测硬件系统板，配合理论中设计的磁化部分，根据相关理论设计出磁化间距为 1cm、激励距离约为 15cm 的非饱和磁激励检测系统。其中，导轮部分采用弹簧进行减振，减少系统运动中的波动；采用的磁化部分结构与 3.2.1 小节的设计相同且材料一致；系统的移动编码器运行于钢丝绳支撑架上，减少了编码器移动中的波动和噪声信号。图 3-23(a)为非饱和磁激励下的钢丝绳检测系统实验检测实物图，图中所用钢丝绳为制作标准断丝小间距缺陷样本的 4 号样绳，其检测结果的原始非饱和磁激励下的阵列信号如图 3-23(b)所示，可以看出该阵列信号相较于剩磁信号平滑度更高、阵列传感器感应到的信号通道数更多、对于同一缺陷能够获取更多的周向细节信息、通道与通道之间的均衡度更优、对磁极附近的小断丝缺陷也具有很高的信噪比。信号的突出性明显高于剩磁系统(如 1m 附近的 1 丝断丝缺陷)。

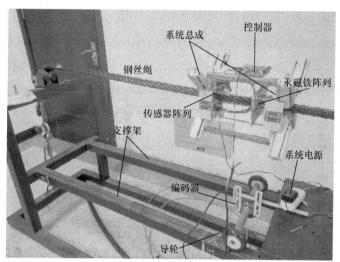

(a) UME 检测系统原型机

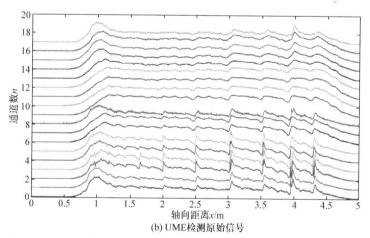

(b) UME 检测原始信号

图 3-23　UME 检测系统原型机和 4 号样绳 UME 检测原始信号

3.6　本 章 小 结

本章对剩磁和非饱和磁激励检测硬件系统和原型机实验平台进行

了设计。首先，介绍了两种采集系统的结构设计，从系统硬件设计到系统软件设计给出两种方法共有的设计部分。其次，介绍了选用的 HSM 传感器特性、选用依据和优势，依据两种检测方法的不同理论设计出各自的磁化部分，采用永磁体设计出一个饱和磁化器和一个非饱和磁化器，设计了数据采集系统中的各个模块，包括电源模块、编码器模块、信号调理模块、数据存储模块等，并分别对各个模块的设计依据进行了介绍。然后，介绍了系统的软件系统设计，从程序主体开始，介绍了主程序工作流程和中断模块内容，实现了对各硬件系统设计的时序操作，使硬件系统功能得以实现。最后，通过制作标准的断丝缺陷，采用设计的钢丝绳检测实验平台结合设计的检测原型机进行实际测量验证，在实验室中获取了钢丝绳表面剩磁、非饱和磁激励的原始信号数据。

参 考 文 献

[1] 曹印妮. 基于漏磁成像原理的钢丝绳局部缺陷定量检测技术研究[D]. 哈尔滨: 哈尔滨工业大学, 2007: 22-27.

[2] Kim J W, Park S. Magnetic flux leakage sensing and artificial neural network pattern recognition-based automated damage detection and quantification for wire rope non-destructive evaluation[J]. Sensors, 2018, 18(1): 109.

[3] 赵敏. 钢丝绳局部缺陷漏磁定量检测关键技术研究[D]. 哈尔滨: 哈尔滨工业大学, 2012: 10-47.

第4章　钢丝绳弱磁信号分析与处理技术

4.1　引　言

采集到的钢丝绳弱磁信号包含了大量的背景噪声，其来源包括钢丝绳细丝引起的高频噪声、提离距变化、非均匀磁化引起的波动、电磁噪声、量化噪声以及钢丝绳股波噪声等。其中，钢丝绳细丝间有幅值小但频率高的波动噪声，又由于 HMS 传感器灵敏度高，该背景噪声极容易被感应采集；提离距变化是由检测系统在移动中晃动造成的，在实际应用中钢丝绳负载的变化和运动也会引起绳体晃动，因此提离距在检测过程中不能完全符合设计采集要求。由于系统检测速度快，这些晃动都会引起信号低频波动，这些低频波动同缺陷信号混叠在一起难以分离提取。无论是剩磁检测还是非饱和磁激励检测，绳体各股直径不同导致的绳股不均衡、股间捻制不匀、材质直径不同或磁化器抖动都会引起磁化场分布的变化，此外，在剩磁检测过程中容易受到外部干扰磁场造成信号基线波动；量化噪声和电磁脉冲噪声都属于电子系统设计中难以避免的典型系统噪声，量化噪声在采样频率过大时表现为相邻几个采样点之间的量化值不规律变化，而电磁脉冲噪声是由电源开关引起的一种常见噪声，如图 3-22(b)测量所得剩磁原始数据中第一通道的电磁脉冲噪声。

为了抑制钢丝绳检测系统中的各种背景噪声，提高信号信噪比，以便缺陷信号的定位、分割与识别，文献[1]通过数字信号处理讨论了提离距的限制并设计了一个陷波器来抑制钢丝绳信号中的股波，将缺陷图像转换成二值图像，用统计方法处理和识别不同缺陷的大小。进一步地，文献[2]研究了信号空间分布频率情况，设计了空间滤波器来抑制缺陷灰度图像的股波纹理并提取出滤波后缺陷图像的纹理特征，最后设计了一个反向传播神经网络来完成缺陷定量识别。文献[3]研究了钢丝绳电磁检测信号的时间域和空间域之间关系，提出了一种空间-时间信号采样理论及其信号的采集和处理方法。文献[4]结合小波变换与形态学变换，提出了一种用于抑制漏磁信号基线波动的形态学滤波算法。而文献[5]提出了一种采用两个传感器求差结构来抑制股波信号的方法，设计中将霍尔传感器轴向间隔一个捻距距离,得到两个传感器差值求解出信号变化率来描述缺陷信息并抑制股波噪声,将缺陷信号映射成一个相叠加的奇对称信号，最终采用该对称信号评价缺陷信息。

结合图 3-22(b)与图 3-23(b)中实验测量所得钢丝绳弱磁信号可以看出,本书所提出的两种检测方式所获取的弱磁信号噪声频率分布较为两极化，即低频中不均衡波动和缺陷信号的频率相接近，而高频噪声频率较高，例如，量化噪声频率存在于整个频带，因此，以往的常规降噪手段不足以很好地抑制弱磁信号中的各类系统噪声。为此，本章研究了克服通道间的不均衡情况，抑制高频量化噪声和细丝引起的电磁波动噪声，克服由励磁不均和检测提离距变化所引起的局部基线波动噪声；研究了信号的预处理手段，包括脉冲噪声点的剔除等；研究了小波多分辨率分析的预处理应用、HHT(Hilbert-Huang transform，希尔伯特-黄变换)在钢丝绳剩磁信号中的均衡运用。为提高算法的鲁棒性和计算效率、降低计算成本，本章提出一种改进的信号预处理算法，该方法是一种分段均值法，用以估计信号的基线，对分段中出现的相移缺点做出改进。最后，为进一步抑制剩磁信号中的高频噪声，获取干净的缺陷信号，提出基于压缩感知的小波降噪法和基于集总经验模态分解(EEMD)的小波降噪法。

4.2　信号预处理

剩磁信号的预处理过程主要是为了抑制信号系统中的通道不均衡，如图 4-1(a)、(b)所示的几个通道内的剩磁信号和非饱和磁激励信号，可以看出不同通道信号的电压值不在一个基准线上，这是由各传感器之间的性质差异所造成的，包括制造材料的不一致、放大器的不

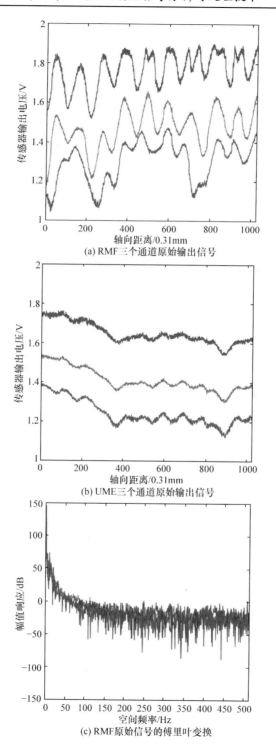

(a) RMF三个通道原始输出信号

(b) UME三个通道原始输出信号

(c) RMF原始信号的傅里叶变换

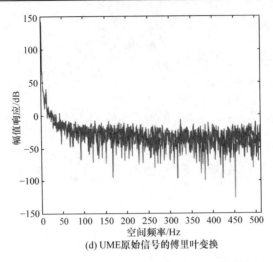

(d) UME原始信号的傅里叶变换

图 4-1　RMF 与 UME 部分通道原始信号

对称、各个磁化点不均匀和两个阵列模块之间信号调理通道不对称。图 4-1 为钢丝绳无缺陷处部分通道的剩磁和非饱和磁激励的原始数据，对两种检测方法的检测原始数据分别进行快速傅里叶变换(FFT)，可以看出信号的噪声分布。其频谱中峰值最高的即为系统噪声能量最大的股波噪声。

对比图 4-1(a)与(b)发现非饱和磁激励检测方法获取的信号中包含的股波噪声比剩磁信号中的股波弱，而从两种信号的 FFT 分布来看，原始信号中包含能量最高的是直流分量，经过求每个通道 FFT 的峰值得到它们峰值归一化频率为 0.002，预处理首要目的是去除信号的基准线。另外，从图 4-1(a)与(b)中还可以看出通道间明显的不均衡现象，表现为信号之间的基准线不在同一直流分量上。通道不均衡现象普遍存在于传感器阵列检测系统中，而消除该现象的办法通常有两种：①从硬件检测设计上减少通道失衡发生条件，首先，采用完全径向对称的磁化机制，设计能够跟随钢丝绳晃动的定心机构，从而减少检测过程中发生提离距变化的情况；其次，采用同一批次的 HMS 传感器降低电路杂散参数影响，保证电路中设计的信号调理电路对称性，使用高精度的电阻从源头上消除通道失衡情况，由于完全的径向对称磁化在实际中无法实现，通常采用多回路磁化进行逼近从而达到需要的磁化条件。②采用数字信号处理技术对原始信号做通道均衡处理，该方法可以灵活、便捷地实现传感器阵列信号的均衡化，并节约硬件设计成本，有效地提高信噪比，进而提高缺陷信号的检测可靠性，对提升检测系统的有效性具有重要意义。

4.2.1　分段均值基线估计

钢丝绳表面磁场分布在空间上是连续的，不会发生较大突变并且相邻采样点的幅值相差在一定的范围之内，因此，采用式(4-1)对野点进行处理，对野点用相邻两个采样点的平均值来代替[6]：

$$X'_{i,j} = (X_{i,j+1} + X_{i,j-1})/2 \Big|_{|X_{i,j}-X_{i,j+1}|>T \bigcap |X_{i,j}-X_{i,j-1}|>T} \tag{4-1}$$

其中，i 表示通道数；j 表示采样点数；T 是设定的阈值，本章设定的阈值为 50。并且在其他的预处理过程中都需要利用式(4-1)去除阵列信号中的野点，以保证检测获取的信号变化具有一定的连续性。

对信号进行逐通道野点去除后，需要将信号中的基线信号提取，去除的方法如式(4-2)所示，该方法是将信号分段后进行基线的均值估计，信号分段的依据则是每个股间距内的采样点个数。

$$s(i) = x(i) - \frac{1}{2m} \sum_{j=i-m+1}^{m} x(i+j), \quad i = m, m+1, \cdots, N \tag{4-2}$$

其中，$s(i)$ 是消除基线后的信号；$x(i)$ 是当前数据；m 是一个捻距内采样点数的一半；N 是总采样点个数。根据测量，本章中使用的钢丝绳结构的股间距约为 3.1cm，根据前面给出的采样频率，可以取数据每个分段点个数为 102 个，即 m 取值为 51。对一个集中断丝数目为 2 丝的小间距缺陷及其周围通道进行基线估计，各通道进行逐步处理后得到了均衡后的数据阵列二维图如图 4-2 所示。

4.2.2　小波多分辨率分析

从图 4-1(c)和(d)中两种信号的 FFT 分布情况可以看出原始信号中包含了低频直流分量，经过计算其频率为 1Hz，而其他系统噪声则分布

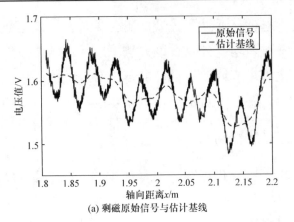

(a) 剩磁原始信号与估计基线

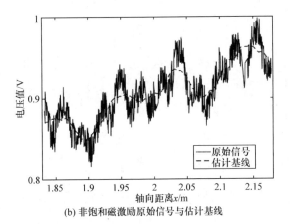

(b) 非饱和磁激励原始信号与估计基线

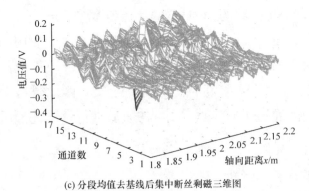

(c) 分段均值去基线后集中断丝剩磁三维图

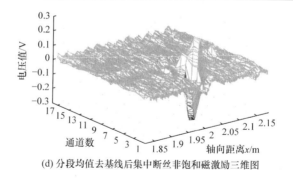

(d) 分段均值去基线后集中断丝非饱和磁激励三维图

图 4-2　弱磁信号分段均值法的基线估计

于整个频带，但在低频段有次峰值存在，该峰值的频率为 12Hz 左右，而缺陷信号的频率往往存在于该频段，即缺陷信号与股波信号的频谱常有重叠，因此，对钢丝绳的剩磁和非饱和磁激励信号采用传统的带阻滤波器，在滤除股波等噪声时也会使缺陷信号受损，滤波后的缺陷信号失真度较大；另外，傅里叶变换也具有其自身的局限性，如缺陷时间尺度的局部化，傅里叶变换只能获取信号的频率信息却无法对频率的时间进行定位，这对于非稳态信号分析是不利的，而小波变换具有良好的时频局部性能。当前，小波变换已经被广泛应用于故障信号分析、图像压缩、语音信号分析、地震信号分析和大气湍流分析。

1. 连续小波变换

小波是指一种能量有限，具有紧支撑域的波动函数，其思路为：将一个具有紧支撑且能量有限的函数，即 $\psi(t) \in L^2(\mathbf{R})$，进行一系列的伸缩、平移后形成一组空间内的正交基，采用该正交基对信号 $f(t)$ 进行分解，获得信号在该组正交基下的系数，其中，小波函数的伸缩代表信号的频率，而小波函数的平移代表时间刻度。因此，小波可以实现对信号的时频局部化定位，这对于分析非平稳信号来说具有很好的应用前景。

一个紧支撑函数 $\psi(t) \in L^2(\mathbf{R})$ 的傅里叶变换为 $\hat{\Psi}(\omega)$，当 $\hat{\Psi}(\omega)$ 满足式(4-3)所示的允许条件

$$C\big|_{\Psi} = \int_{\mathbf{R}} \left(\left|\hat{\Psi}(\omega)\right|^2 \big/ |\omega| \right) \mathrm{d}\omega < \infty \tag{4-3}$$

时,称 $\psi(t)$ 为一小波母函数,将该母函数进行一系列如式(4-4)所示的平移与伸缩操作后,构成一个连续小波函数 $\psi_{a,b}(t)$:

$$\psi_{a,b}(t)=|a|^{-\frac{1}{2}}\psi\left(\frac{t-b}{a}\right) \tag{4-4}$$

其中, a 、 $b\in\mathbf{R}$ 且 $a\neq0$; a 是伸缩因子; b 是平移因子。称 $\psi_{a,b}(t)$ 为依赖于参数 a 、 b 的连续小波函数,则信号 $f(t)\in L^2(\mathbf{R})$ 的连续小波变化可表述为

$$W_f(a,b)=\left\langle f(t),\ \psi_{a,b}(t)\right\rangle=|a|^{-\frac{1}{2}}\int_{\mathbf{R}}f(t)\overline{\psi}\left(\frac{t-b}{a}\right)\mathrm{d}t \tag{4-5}$$

假设 E_1 、 E_2 分别是小波函数的中心和其傅里叶变换的中心, $\Delta(\psi)$ 和 $\Delta(\varPsi)$ 分别是小波函数的支撑宽度内傅里叶变换频带宽度,则经过式(4-3)所示的变换后可以自适应地提取出在时间宽度为 $\left[b+aE_1-|a|\Delta(\psi),\ b+aE_1+|a|\Delta(\psi)\right]$ 以及频率带宽为 $\left[1/aE_2-|1/a|\Delta(\varPsi),\ 1/aE_2+|1/a|\Delta(\varPsi)\right]$ 内的信号信息[7]。因此,式(4-5)体现出小波变换具有良好的时频局部化能力,从而可以利用小波变换将具有带通特性的信号分解到各个频带上,同时保留信号各分量上的时间信息,对信号的分析具有很好的帮助作用,但是,连续小波变换的尺度因子、偏移因子和时间因子都为连续量,必须进行离散化才能够适用于计算机处理,因此,需要得到离散小波变换。

2. 尺度函数

尺度函数为由整数平移和二值伸缩的平方可积函数 $\varphi(t)$ 组成的展开函数集合 $\left\{\varphi_{j,k}(t)\right\}$,其表述为

$$\varphi_{j,k}(t)=2^{j/2}\varphi(2^jt-k),\quad j,k\in\mathbf{Z};\ \varphi(t)\in L^2(\mathbf{R}) \tag{4-6}$$

其中, k 控制函数 $\varphi_{j,k}(t)$ 沿横轴的中心位置; j 控制函数 $\varphi_{j,k}(t)$ 的宽度。由于函数 $\varphi_{j,k}(t)$ 的形状随着 j 变化,为了保持函数的总能量不变, $2^{j/2}$ 用于调节函数幅度,称 $\varphi(t)$ 为尺度函数。

通过选择合适的尺度函数 $\varphi(x)$，可以使其平移、伸缩函数构成的集合 $\{\varphi_{j,k}(t)\}$ 跨越整个 $L^2(\mathbf{R})$，即构成所有可度量的、平方可积函数集合。将尺度变化 j 限定为某个值 j_0，则展开集合 $\{\varphi_{j_0,k}(t)\}$ 是 $\{\varphi_{j,k}(t)\}$ 的一个子集，该子集可用于描述 $L^2(\mathbf{R})$ 中子空间的任一函数。将该子空间定义为

$$V_{j_0} = \overline{\mathrm{Span}\{\varphi_{j_0,k}(t)\}} \tag{4-7}$$

表示该函数展开的闭合跨度构成了子空间 V_{j_0}。如果 $f(t) \in V_{j_0}$，则该函数可以写成

$$f(t) = \sum_k \alpha_k \varphi_{j_0,k}(t) \tag{4-8}$$

因此，对于任一的 j，定义其变化的 k 张成的子空间表示为

$$V_j = \overline{\mathrm{Span}_k\{\varphi_{j,k}(t)\}} \tag{4-9}$$

可以看出，当 j 增加时，空间 V_j 的大小也相应增加，具有较小变化的平滑量和描述细节的函数包含在子空间中，并且随着 j 的增大，子空间的函数集合中 $\varphi_{j_0,k}(t)$ 会变窄，同时 t 具有较小变化。简单的尺度函数遵循多分辨率分析的 4 个基本要求：①尺度函数对其平移函数是正交的；②低尺度函数构成的子空间应该嵌套在高尺度函数空间内；③对于所有的 V_j，都有唯一的通用函数 $f(x)=0$；④空间内任何函数都可以采用任意精度表示。

3. 小波函数

有了尺度函数定义和相应的函数空间概念，进而定义二进小波函数空间 $\psi(t)$，它与其整数平移和二值伸缩函数构成了两个相邻子空间 V_j 与 V_{j+1} 之间的差。具体分布情况如图 4-3 所示，对于构成相邻子空间之间差的任意 W_j 空间，定义了二进离散小波集合 $\{\psi_{j,k}(t)\}$：

$$\psi_{j,k}(t) = 2^{-j/2}\psi(2^{-j}t - k) \tag{4-10}$$

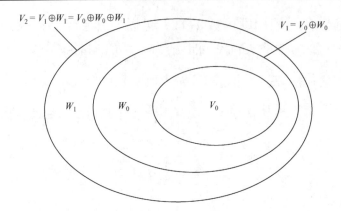

图 4-3　尺度函数与小波函数空间之间的关系

使用尺度函数可以将该差值空间改写为

$$W_j = \overline{\underset{k}{\mathrm{Span}}\left\{\psi_{j,k}(t)\right\}} \tag{4-11}$$

同时对于 $f(t) \in W_j$，有

$$f(t) = \sum_k \alpha_k \psi_{j_0,k}(t) \tag{4-12}$$

结合图 4-3 所示的尺度函数与小波函数空间之间的关系图可以看出其一般联系为

$$V_{j+1} = V_j \oplus W_j \tag{4-13}$$

其中，$\oplus$ 表示空间并集，可以看出 W_j 是 V_j 的正交补集，因此，对于 V_j 中的所有元素和 W_j 中的所有元素都是正交的。因此有

$$\left\langle \varphi_{j,k}(t), \psi_{j,l}(t) \right\rangle = 0, \quad j,k,l \in \mathbf{Z} \tag{4-14}$$

进而可将所有的可度量能量有限函数空间表述为

$$\begin{aligned} L^2(\mathbf{R}) &= V_0 \oplus W_0 \oplus W_1 \oplus \cdots \\ &= V_1 \oplus W_1 \oplus W_2 \oplus \cdots \\ &= \cdots \oplus W_{-2} \oplus W_{-1} \oplus W_0 \oplus W_1 \oplus W_2 \oplus \cdots \end{aligned} \tag{4-15}$$

可以看出，将开始尺度空间定位为一个尺度进而对整个空间进行张成，也可以仅使用小波项，因此，式(4-15)可以改写成

$$L^2(\mathbf{R}) = V_{j_0} \oplus W_{j_0} \oplus W_{j_0+1} \oplus \cdots \tag{4-16}$$

其中，j_0 是任意开始尺度。因为小波函数空间存在于由相邻两个较高分辨率尺度函数所构成的空间中，所以任何小波函数可以表示成平移后的两倍分辨率尺度函数的加权和，即

$$\psi(t) = \sum_n h_\psi(n)\sqrt{2}\varphi(2x-n) \tag{4-17}$$

其中，$h_\psi(n)$ 称为小波函数系数；而 h_ψ 称为小波向量。根据图 4-3 中小波构成正交补集空间和整数小波平移是正交的条件，可以得出以下关系：

$$\begin{cases} h_\psi = (-1)^n h_\varphi(1-n) \\ \varphi(t) = \sum_n h_\varphi(n)\sqrt{2}(2t-n) \end{cases} \tag{4-18}$$

其中，方程中的第二个式子是尺度函数的递归等式；$h_\varphi(n)$ 是尺度函数的系数；h_φ 是尺度向量，该式子又称为扩张等式、改进等式等。

4. 离散小波变换

通过式(4-1)～式(4-16)的推导可以看出，小波变换与傅里叶变换相似，都是将信号映射为一系列系数，称小波变换后的系数为小波系数。若需要展开的信号是离散函数，则求解后的小波系数称为离散小波系数。对于离散函数 $f(n) = f(t_0 + n\Delta t)$，其中，$t_0$、$\Delta t$ 为固定值，$n=0,1,2,\cdots,$ $N-1$，根据对 $f(t)$ 的小波级数展开得到离散函数的离散小波系数为

$$W_\varphi(j_0,k) = \frac{1}{\sqrt{N}} \sum_n f(n)\varphi_{j_0,k}(n) \tag{4-19}$$

$$W_\psi(j,k) = \frac{1}{\sqrt{N}} \sum_n f(n)\psi_{j,k}(n) \tag{4-20}$$

其中，$\varphi_{j_0,k}(n)$、$\psi_{j,k}(n)$ 分别是小波基函数 $\varphi_{j_0,k}(t)$ 和 $\psi_{j,k}(t)$ 的离散形式，即在基函数的支撑上采样了有限个 N 等间隔值，因此离散小波变换的逆变换为

$$f(n) = \frac{1}{\sqrt{N}} \sum_k W_\varphi(j_0, k) \varphi_{j_0, k}(n) + \frac{1}{\sqrt{N}} \sum_n W_\psi(j, k) \psi_{j,k}(n) \quad (4\text{-}21)$$

通常令 $j_0 = 0$，并将 N 的值设定为 2 的整数次幂，然后采用式(4-19)和式(4-20)求解 $f(n)$ 在 $n=0,1,2,\cdots,N-1$，$j=0,1,2,\cdots,J-1$ 和 $k=0,1,2,\cdots,2^j-1$ 时信号的低频系数和高频系数。

5. 快速小波变换

为了实现离散小波系数的高效计算，减少计算量，Mallat 提出一种人字形的快速小波变换。他从小波的多分辨率等式开始，用 2^j 和 k 将基函数变换进行尺度化和平移，如下所示：

$$\varphi(t) = \sum_n h_\varphi(n) \sqrt{2} \varphi(2t-n) \big|_{t=2^j t-k} = \sum_m h_\varphi(m-2k) \sqrt{2} \varphi(2^{j+1}t-m) \big|_{m=n+2k}$$

$$(4\text{-}22)$$

类似地，小波函数 $\psi(t)$ 可以得出相应的结论，即

$$\psi(2^j t - k) = \sum_m h_\psi(m-2k) \sqrt{2} \varphi(2^{j+1}t-m) \quad (4\text{-}23)$$

其中，h_φ 与 h_ψ 分别对应尺度向量与小波向量。根据小波的级数展开式，细节描述改写为

$$d_j(k) = \int f(t) 2^{j/2} \psi(2^j t - k) \mathrm{d}t \quad (4\text{-}24)$$

将式(4-22)代入式(4-23)中，并交换积分与求和顺序后可得

$$d_j(k) = \sum_m h_\psi(m-2k) \left[\int f(t) 2^{(j+1)/2} \varphi(2^{j+1}t-k) \mathrm{d}t \right] \quad (4\text{-}25)$$

其中，方括号中的部分是信号在小波级数展开下的近似系数，并且 $j_0 = j+1$，$k=m$，式(4-25)可改写为

$$\begin{cases} c_{j_0}(k) = \left\langle f(t), \varphi_{j_0, k}(k) \right\rangle = \int f(t) 2^{j_0/2} \varphi(2^{j_0 t} - k) \\ d_j(k) = \sum_m h_\psi(m-2k) c_{j+1}(m) \end{cases} \quad (4\text{-}26)$$

可以看出，尺度 j 的细节系数是尺度 $j+1$ 的近似系数，根据类似的推导，可以得到小波的近似系数为

$$c_j(k) = \sum_m h_\varphi(m-2k)c_{j+1}(m) \tag{4-27}$$

当信号 $f(x)$ 变为离散函数时，其小波变换的近似系数和细节系数又分别变成了离散小波系数中的 $W_\varphi(j,k)$、$W_\psi(j,k)$，因此

$$\begin{cases} W_\varphi(j,k) = \sum_m h_\varphi(m-2k)W_\varphi(j+1,m) \\ W_\psi(j,k) = \sum_m h_\psi(m-2k)W_\psi(j+1,m) \end{cases} \tag{4-28}$$

式(4-26)揭示出两个相邻尺度间的离散小波系数间的关系，即低尺度近似系数和细节系数是由大一级尺度近似系数和细节系数分别同顺序倒置的尺度向量和小波向量 $h_\varphi(-n)$ 与 $h_\psi(-n)$ 做卷积的结果，然后对结果进行采样计算得出。该算法被称为 Mallat 多孔算法，图 4-4 为 Mallat 算法方框图，该框图也称为快速小波分析滤波器组框图。图中 2↓表示 2 倍下采样，若令 $f(n) = W_\varphi(j,n)$，则 $j = \log_2 N$，N 为离散信号的长度。

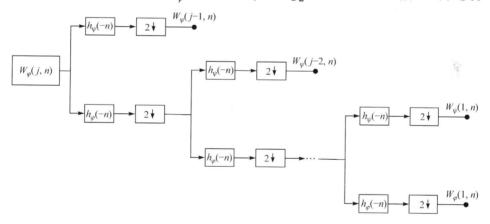

图 4-4　Mallat 算法分解框图

图 4-5 是小波快速分解后成分的频率特性，假定尺度空间为 V_j，$f(n)$ 为该尺度空间的一个离散函数，则对应图 4-4 中第一次通过高通滤波器 $h_\psi(-n)$ 后所得的 $W_\psi(j-1,n)$ 是 $f(n)$ 的高频信息，该信息分布的频率为 $\pi/2\sim\pi$，而经过低通滤波器 $h_\varphi(-n)$ 后所得小波系数频率分布于 $0\sim\pi/2$。通过该滤波器组迭代后将信号 $f(n)$ 分解为各个频段上的小波系数，通过分析这些小波系数可以了解信号的特征和频率时间分布特点。

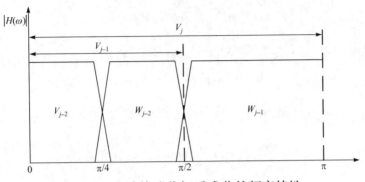

图 4-5　小波快速分解后成分的频率特性

　　将正变换获得的各频段小波系数和尺度系数结合正变换中的尺度向量和小波向量可以快速由第 j 级系数重构出第 j+1 级信号近似系数，该变换过程称为小波逆变换，而为了能够完美重构出前级系数，要求重构滤波器与分解中的滤波器组应该是顺序相反的滤波器。将重构中的低频滤波器定义为 $h_\varphi(k)$，重构高频滤波器定义为 $h_\psi(k)$；同时定义 $W^{2\uparrow}$ 为间隔插 0；因此，$f(n)$ 第 j+1 级低频近似重构公式写为第 j 级低频近似与 $h_\varphi(k)$ 的卷积和第 j 级高频细节与 $h_\psi(k)$ 的卷积之和：

$$W_\varphi(j+1,m)=h_\varphi(k)*W_\varphi^{2\uparrow}(j,k)+h_\psi(k)*W_\psi^{2\uparrow}(j,k) \tag{4-29}$$

　　从而根据式(4-29)，通过级联重构滤波器组可以画出小波快速逆变换的结构框图，如图 4-6 所示。

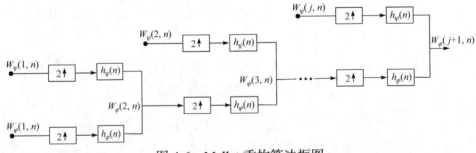

图 4-6　Mallat 重构算法框图

6. 降噪算法

　　对获取的原始弱磁信号采用小波的降噪处理，其目的在于抑制信号中的无用高频噪声，去除原始信号中的信号基线，对通道的信号进行均衡化，抑制磁化不均和检测提离距变化所引起的局部非平稳低频扰动。其中，高频噪声中以转换器的量化噪声为主，因此，对获取的信号进行 8 层小波分解后，将获取的最高频系数与最低频系数置零，这两个序列的小波系数中几乎不包含缺陷分量。通过运用式(4-29)将重建去除基线的漏磁信号。降噪算法主要包括三个步骤：①信号小波分解，选定合适的小波和分解次数 J，计算信号在第 J 层下各小波高频系数和低频系数；②系数处理，将获取的第 1 层小波系数和第 J 层近似系数置零处理；③信号重构，采用所选择的小波，利用处理后的各层小波系数，包括两个全零小波最高频率系数和最低近似系数进行缺陷信号的近似重构。

7. 基于小波多分辨分析的信号均衡与降噪

小波多分辨分析方法可以将信号分解到多个频段上，将钢丝绳轴向弱磁信号进行小波多分辨轴向分解后，按照所提出的噪声抑制方法和不均衡通道噪声抑制方法，选用 Daubechies 小波，由于该类小波具有双正交性、时频紧支撑以及正则性特点，在奇异信号的检测中具有很好的灵敏性，可以较好地从低频信号中分离出变异信号。本书选用 Daubechies 小波系列中的 db3，同时采用小波工具箱进行小波分解，采用 Mallat 算法进行 8 次分解后，近似系数中几乎不包含噪声信号量，大多数能量来源于直流分量，而缺陷信号的能量通常集中于 10Hz 附近，该缺陷为小间距 2 集中断丝缺陷，其检测原始弱磁信号如图 4-7(a)和(b)

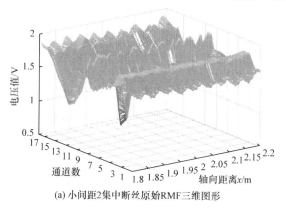

(a) 小间距2集中断丝原始RMF三维图形

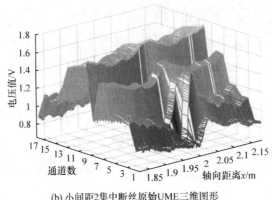

(b) 小间距2集中断丝原始UME三维图形

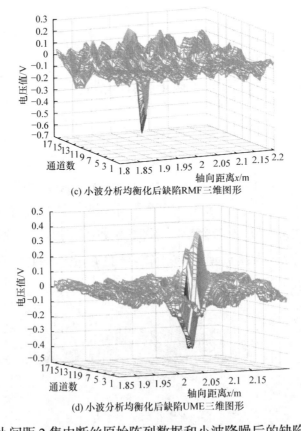

(c) 小波分析均衡化后缺陷RMF三维图形

(d) 小波分析均衡化后缺陷UME三维图形

图 4-7　小间距 2 集中断丝原始阵列数据和小波降噪后的缺陷弱磁信号

所示。对剩磁与非饱和磁激励的单通道信号进行小波分解，处理系数后采用逆变换获得重构信号，如图 4-7(c)和(d)分别所示。

4.2.3　弱磁信号中 HHT 应用

1. HHT 分析原理

HHT[8]作为一种时频分析方法，主要由用于信号分解的经验模态分解(empirical mode decomposition，EMD)和用于求解瞬时频率的 Hilbert 变换两个部分组成。由于采集的原始数据中包含大量噪声、通道不平衡基线漂移以及磁化不均匀使信号线性性能低，而 HHT 中的 EMD 算法可将信号分解为一系列正弦信号的叠加和，通过 Hilbert 变换求出各个频段信号的瞬时频率，将分量中的虚假分量和最高频分量剔除掉可对信号进行降噪预处理。信号首先经 EMD 算法得到一系列相互独立的固有模态函数(intrinsic mode function，IMF)，再对各个分量进行 Hilbert 变换进而求得瞬时频率[8]。EMD 得到的 IMF 分量应当满足以下基本条件：

(1) 信号分量的极大点数、极小点数和过零点数相同或相差为 1；

(2) 任何时刻，由包络线定义的极大点和极小点的均值应该为零。

由于 EMD 在应用于实际信号时，IMF 分量间有模态混叠现象和边界效应，已有的研究结果表明在进行分解时加入高斯白噪声，进行多次模态分量求解取平均可以抑制模态混叠现象。EMD 中用三次样条拟合插值时会对边界引起起伏误差，多次分解后，该误差层层叠加，导致 IMF 分量边界失真，而对称镜像延拓方法是一种简单有效的抑制办法。这种改进的 EMD 算法称为集总经验模态分解(EEMD)[9]，描述如下：

(1) 对原始信号进行镜像对称边界延拓得到信号 $\tilde{x}(t)$ ，初始化 $c_i = \emptyset, r_n = \tilde{x}(t)$ 。

(2) 对残余 r_n 添加高斯白噪声序列 $w(t)$ ：

$$y(t) = \tilde{x}(t) + w(t) \tag{4-30}$$

(3) 对 $y(t)$ 进行 EMD，得到 1 个满足固有模态分量要求的(IMF) c_{ij} 和一个残余量 r_n ：

$$x(t) = \sum_{i=1}^{n} c_{ij} + r_n \tag{4-31}$$

(4) 重复 k 次步骤(2)和步骤(3)，得到每次不同白噪声下的 IMF 分量集合 $c_{ij}(i \leqslant n, j \leqslant k)$，取集合平均作为最终 IMF 分量：

$$c_i(t) = \frac{1}{k} \sum_{j=1}^{k} c_{ij} \tag{4-32}$$

(5) 判断是否满足退出分解条件，若不满足，则继续分解，否则退出分解。

从恒等式(4-31)可以看出 EEMD 算法是满足完备性的，它可以由分解所得 IMF 分量恢复出原始信号，并且它具有自适应分解性能和局部正交性[9]。

对信号进行 EEMD 之后，HHT 的另一个重要变换就是 Hilbert 变换。分别对每个 IMF 分量求解 Hilbert 变换[8]如下：

$$H[c_i(t)] = \frac{1}{\pi} \int_{-\infty}^{\infty} \frac{c_i(\tau)}{t - \tau} \mathrm{d}t \tag{4-33}$$

构造出解析函数 $z_i(t)$：

$$z_i(t) = c_i(t) + \mathrm{j}H[c_i(t)] = a_i \mathrm{e}^{\mathrm{j}\theta_i(t)} \tag{4-34}$$

其中，幅值与相位分别表示为

$$a_i(t) = \sqrt{c_i^2(t) + H^2[c_i(t)]} \tag{4-35}$$

$$\theta_i(t) = \arctan\left(\frac{H[c_i(t)]}{c_i(t)}\right) \tag{4-36}$$

定义瞬时频率为

$$\omega_i(t) = \frac{\mathrm{d}\theta(t)}{\mathrm{d}t} \tag{4-37}$$

2. 基于 HHT 的钢丝绳弱磁信号均衡化

本节使用 HHT 对信号进行分解，所得的 IMF 分量层数通过以下方程来确定：

$$TNM = fix(lg(xsize)) - 1 \tag{4-38}$$

式中，TNM 表示分解，分量个数；xsize 表示信号长度；fix(·) 取整数操作。采用 HHT 均衡化的弱磁通道均衡估计结果如图 4-8(a)和(b)所示，其原始数据如图 4-7(a)和(b)所示。

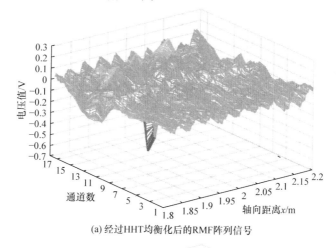

(a) 经过HHT均衡化后的RMF阵列信号

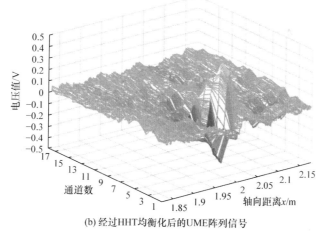

(b) 经过HHT均衡化后的UME阵列信号

图 4-8　经过 HHT 均衡化后的弱磁缺陷阵列信号

其中，信号边界镜像延拓长度为 500 个点，每个钢丝绳采集的数据长度约为 13000 个点。因此，每次分解所得 IMF 分量一共有 TNM+1 层，其中，最后一层是残余量，本书中分解所得为信号直流量。而通过 Hilbert 变换可以确定信号频率从第 9 个 IMF 分量开始瞬时频率变化很小，因此，可判断该分量中不含噪声或是非平稳信号，可以将其去除。在进行 EEMD 变换中，为了避免由于添加高斯白噪声将缺陷信号的信噪比过于降低，添加的高斯白噪声幅值为 0.05。

4.2.4　基于 EEMD 的小波降噪

小波阈值降噪中的小波基函数和阈值函数的选择具有不确定性，选取最优参数比较困难，并且当噪声频率和信号的频率接近时，会导致有用信息的丢失。而 EMD 与小波变换相比无须设置太多参数。噪声一般包含在高频 IMF 分量中，只对包含有用信号的 IMF 分量进行小波软阈值降噪处理，而不是处理整个信号，在很大程度上克服了直接使用小波降噪的缺点。同时对 IMF 分量和余项进行分析，可以有效地抑制包含在信号中的趋势项。文献[10]提出了一种基于 EMD 和小波对心电图信号降噪的改进算法，利用 EMD 的适应性来弥补确定小波函数时的不确定性，并利用小波自适应阈值防止 EMD 算法的失真。结果表明，该改进的 EMD 小波算法在心电图信号降噪过程中是高效、稳定的。

结合 EMD 和小波分析的优点，本书设计出一种基于 EEMD 的小波滤波算法，用以对采集到的漏磁场数据进行滤波处理。该算法描述如下。

(1) 选取第 i 通道的数据 x_i 进行 EEMD。

① 对信号 x_i 进行边界延拓得到延拓后的信号 $\tilde{x}_i$；

② 对信号 $\tilde{x}_i$ 添加正态分布白噪声，从而得到含有白噪声的信号 y_i；

③ 对信号 y_i 进行 EMD 得到其 IMF 分量；

④ 重复步骤②和步骤③ k 次，得到 k 组添加了不同白噪声的 IMF 分量；

⑤ 对步骤④得到的 IMF 分量做集总平均，得到信号 x_i 的各个 IMF 分量；

⑥ 判断是否满足终止条件，若不满足，继续分解，若满足，停止分解，完成 EEMD，获得信号 x_i 的 IMF 分量。

(2) 对包含有用信号的 IMF 分量使用小波软阈值去噪。

① 选择 db5 小波对 IMF 分量进行 8 层分解运算;

② 把低频系数清零,并对各个分解尺度下的高频系数选择通用阈值 $\sqrt{2\lg(\cdot)}$ 进行软阈值量化处理;

③ 将处理后的小波系数进行一维小波重构,获得滤波后的 IMF 分量。

(3) 将处理后的 IMF 分量进行叠加,得到降噪后的数据。

经过上述算法处理后的单通道数据如图 4-9 所示,包括滤波前的单通道信号和滤波后的单通道信号。

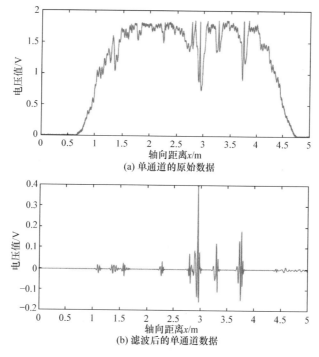

(a) 单通道的原始数据

(b) 滤波后的单通道数据

图 4-9　滤波前、后的单通道数据示意图

对 18 个通道的漏磁场数据依次使用基于 EEMD 的小波滤波算法进行处理,可以得到去除基线和各种噪声的数据。图 4-10 为一段滤波后的数据三维图。

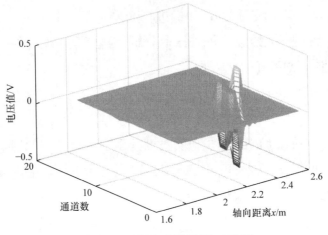

图 4-10　滤波后的数据三维图

4.3　压缩感知降噪研究

4.3.1　压缩感知理论

压缩感知理论是指信号在时域具有稀疏性或者在某变换域内稀疏，则该信号可以利用远少于经典奈奎斯特采样数量的线性、非自适应的测量值无失真地重建出来。

压缩感知理论[11]可分为三个部分：信号稀疏、压缩采样和信号重建。已知某一测量矩阵 $\boldsymbol{\Phi} \in \mathbf{R}^{M \times N}(M \ll N)$ ，考虑一组带噪信号 $\boldsymbol{x} \in \mathbf{R}^{N}$ ，实际存在的信号都不是稀疏的，但若信号在某一个变换域内是稀疏的，压缩感知依然可恢复出信号 $\hat{\boldsymbol{x}}$ ，因此，假设带噪信号 $\boldsymbol{x}$ 在变换域的一组基 $\boldsymbol{\psi} \in \mathbf{R}^{N \times N}$ 下是稀疏的，并且噪声的变换系数远小于信号在该变换域内的系数值，变换如下：

$$\omega = \psi x \tag{4-39}$$

则其在测量矩阵下的线性测量值 y ，即

$$y = \boldsymbol{\Phi}\omega = \boldsymbol{\Phi}(\psi x) \tag{4-40}$$

现在考虑由测量值 y 重构出最稀疏的无噪声信号 $\hat{\boldsymbol{x}}$ 在变换域表达 $\hat{\omega}$ ，然后使用逆变换得到信号 $\hat{\boldsymbol{x}}$ 表达式。容易看出 y 的维数远小于 $\hat{\omega}$ ，

因此，式(4-40)有无穷多个解或者无解。假设其有解且存在，已有理论证明，$\hat{\omega}$ 可以通过测量值 y 由求解最优 0 范数精确重构[12]，即

$$\hat{\omega} = \arg\min \|\omega\|_0, \quad \text{s.t.} \quad y = \boldsymbol{\Phi}\omega$$

$$\text{或} \quad \hat{\omega} = \arg\min \|y - \boldsymbol{\Phi}\omega\|_2^2 + \lambda\|\omega\|_0 \tag{4-41}$$

该式子的解在统计意义下是唯一的，并且是无偏的，解的均值和信号在变换域下的表达相同。此外，使用的测量矩阵 $\boldsymbol{\Phi}$ 应该满足一致不确定原则(uniform uncertainty principle，UUP)[13]，即对于任一 K 稀疏度向量 S，如果满足

$$0.8\frac{M}{N}\|S\|_2^2 \leqslant \|\boldsymbol{\Phi}S\|_2^2 \leqslant 1.2\frac{M}{N}\|S\|_2^2 \tag{4-42}$$

则称矩阵 $\boldsymbol{\Phi} \in \mathbf{R}^{M \times N}$ 满足集合大小为 K 的 UUP，其中 $K \leqslant M \lg N$。目前常用的感知矩阵是随机矩阵，如高斯矩阵、伯努利矩阵、傅里叶随机测量矩阵以及非相关测量矩阵等。基于压缩感知理论的滤波方法核心在于恢复出 $\hat{\omega}$。但对于式(4-41)求解 0 范数是一个 NP 难题，因此无法求解。国内外学者专家提出了一些次最优解算法来估计，这些算法大致可分为两类：一是凸优化方法，例如对最小 1 范数求解；二是贪婪算法，如正交匹配追踪(orthogonal matching pursuit，OMP)算法[12]等。贪婪算法虽然恢复精度较差，但因其算法速度快而经常被采用。本书采用 OMP 算法对式(4-41)进行求解，以高斯随机矩阵作为测量矩阵。该算法的核心是通过贪婪的方式找到与当前残余最匹配的列，然后再将该列添加到已选列的矩阵当中，通过最小二乘法求出近似解，更新剩余量。反复迭代至稀疏度 K 停止。因此，选取合适的 K 值，可以只提取出缺陷漏磁信号。

4.3.2　基于压缩感知小波滤波法的钢丝绳剩磁降噪

经过预处理后的信号 $\hat{x}_{A_j}$ 中仍含有很多不规则股波噪声，这些噪声对后续进行特征提取与识别处理有很大影响。由于绳体结构特殊，表面杂质、弯曲和不平衡压力导致钢丝绳内部结构变化，钢丝绳不同部位的

剩磁矫顽力也不同，并且股波噪声并不是完全的正弦波信号。因而，传统的数字信号滤波器并不能较好地抑制这些噪声，但压缩感知小波降噪方法[14-16]可以很好地克服这些难题。

带噪声的信号在小波域内是接近稀疏的。根据压缩感知理论，存在一个确定的矩阵可以获得在这个矩阵下的小波系数的线性测量[15,16]。对该测量值采用 OMP 算法[17-19]可以恢复稀疏的无噪声系数。该算法用于重建最稀疏小波系数，其核心是采用贪婪的方式找到最匹配的列，即测量矩阵与残差内积最大的列，将该列添加到已选的列中。对所有选中列采用最小二乘法可以计算出近似的系数解，并更新残差，直到迭代次数达到稀疏度 K，选择过程才会停止。因此，选择合适的 K 可以选出干净的缺陷信号。压缩感知小波降噪算法流程如下。

(1) 对于某预处理后信号 $\hat{x}_{A_j}$，使用 Mallat 小波分解算法获得 j 层小波分解系数 W_j。

(2) 选取一个合适的随机测量矩阵(本小节采用 350×1024 的高斯矩阵)，计算出在矩阵 $\boldsymbol{\Phi}$ 下的小波系数测量值 $\boldsymbol{y} = \boldsymbol{\Phi} W_j$。

(3) 通过正交匹配追踪算法重建出最稀疏小波系数 $\hat{W}_j$，其重建过程如下。

第一步：初始化残差，$r_t|_{t=0} = \boldsymbol{y}$，索引集合 $A_t = \varnothing$(空集)。

迭代 t 从 1 到 K(K 是稀疏度，本节取 8)。

第二步：计算内积 $\langle r_t \cdot \boldsymbol{\Phi} \rangle$。

提取出 $\boldsymbol{\Phi}$ 中使得内积最大的列：$\lambda_t = \underset{i=1 \sim N}{\arg\max} \left| \left\langle r_{t-1} \cdot \boldsymbol{\phi}_j \right\rangle \right|$，存储标签 $A_t = A_{t-1} \bigcup \left\{ A_{\lambda_t} \right\}$ 并且将 $\boldsymbol{\Phi}$：$\boldsymbol{\Phi}_t = \boldsymbol{\Phi}_{t-1} \bigcup \left\{ \boldsymbol{\Phi}_{\lambda_t} \right\}$ 最正交的一列去除。

第三步：使用最小二乘法 $\omega_t = \arg\min \left\| \boldsymbol{y} - \boldsymbol{\phi}_t \omega_t \right\|_2 = \left(\boldsymbol{\phi}_t^{\mathrm{H}} \boldsymbol{\phi}_t \right)^{-1} \boldsymbol{\phi}_t^{\mathrm{H}} \boldsymbol{y}$。

第四步：更新近似解 $\boldsymbol{y}_t = \boldsymbol{\phi}_t \omega_t = \boldsymbol{\phi}_t \left(\boldsymbol{\phi}_t^{\mathrm{H}} \boldsymbol{\phi}_t \right)^{-1} \boldsymbol{\phi}_t^{\mathrm{H}} \boldsymbol{y}$，更新残差 $r_t = \boldsymbol{y} - \boldsymbol{y}_t$。

(4) 使用近似小波系数 $\hat{W}_j(A_j) = W_t$ 重构出漏磁信号。

　　压缩感知小波滤波算法去除了股波噪声与系统噪声,提高了信号信噪比。图 4-11 为经过该算法处理后的剩磁缺陷图像,其中,图 4-11(a) 的缺陷采用小波多分辨分析进行通道均衡,再使用基于压缩感知的小波滤波法进行了深度降噪,而图 4-11(b)为剩磁阵列信号进行 HHT 分析降噪通道均衡化后采用该算法进行进一步深度降噪的结果。

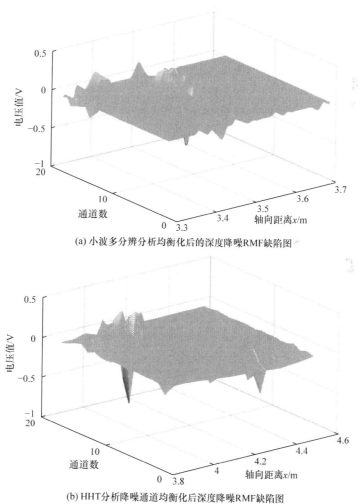

(a) 小波多分辨分析均衡化后的深度降噪RMF缺陷图

(b) HHT分析降噪通道均衡化后深度降噪RMF缺陷图

图 4-11　小波多分辨分析与 HHT 均衡化 RMF 阵列信号的深度降噪缺陷图像

4.4　仿真模型与实验对比验证

4.4.1　仿真模型与实验对比

　　截取 4 号样绳中检测获取的剩磁阵列信号与非饱和磁激励阵列信号的第四个缺陷中弱磁信号幅值最大的一个通道作为对比样本,分别同第 2 章中建立的非饱和磁激励模型和剩磁模型结果进行对比。图 4-12(a)～(c)为非饱和磁激励的完整检测信号、翻折信号和剩磁信号的拟合对比。

　　对于较大缺陷中部分信号幅值大的通道信号,非饱和磁激励方式下信号会发生翻折,而附近通道感应到缺陷空间漏磁场幅值较小不会发生

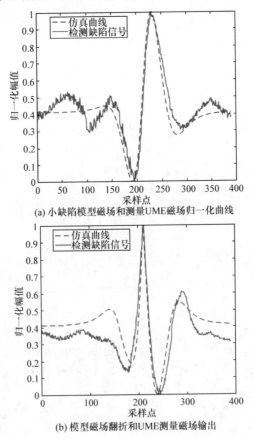

(a) 小缺陷模型磁场和测量UME磁场归一化曲线

(b) 模型磁场翻折和UME测量磁场输出

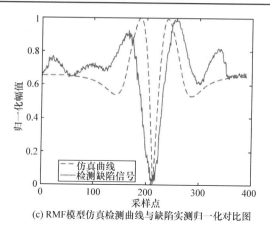

(c) RMF模型仿真检测曲线与缺陷实测归一化对比图

图 4-12　弱磁场空间分布与各仿真模型处理输出对比图

翻折,因此,对于非饱和磁激励阵列信号需要分别对比分析信号翻折和不翻折时的一维分布。图 4-12(a)对比了非饱和磁激励检测信号的翻折部分与仿真信号,图 4-12(b)对比了非饱和磁激励信号在不发生翻折时和仿真信号的吻合度,以及图 4-12(c)为建立剩磁仿真信号与检测信号的对比,图中所示曲线进行了归一化处理。其中,所建立模型的参数情况如下:断丝间距 1.5mm,采样间距 0.3mm,钢丝绳内部磁荷密度比值为 1.3,其余磁化和检测提离距与前面设定一致,而剩磁磁偶极子模型参数与第 2 章中对该部分的模型建立参数一致。比较测量所得曲线和仿真曲线的走势基本一致,在对比图 4-12(b)中较大缺陷处的中间通道所测量的被测缺陷的断丝数量为 5 丝,断丝间距约为 3mm,图中仿真曲线的仿真参数为断丝间距 3mm,绳体内部磁荷密度比值依旧取 1.3,仿真其他参数与前面一致。仿真与传感器测量所得的发生曲线翻折的情况如图 4-12(b)所示,需要指出图 4-12 中的弱磁场一维仿真曲线也做了式(4-2)的处理。

经过计算三个图中的仿真曲线和实际测量缺陷的归一化信号的相关系数分别为:图 4-12(a)的相关系数为 0.9909,图 4-12(b)的相关系数为 0.9786,而图 4-12(c)的相关系数为 0.9602。其中,图 4-12 中缺陷的轴向边缘波动是由钢丝绳特性绕制结构所引起的股波,实际的测量归一化曲线与仿真相比直流线偏下,这是由于在取基线操作时对直流量的估计有误差。从图 4-12 中可以看出仿真模型的曲线和测量所得的磁场电压曲线基本吻合，因此，可得出结论：本书中对剩磁模型和非饱和单侧磁激励下的钢丝绳漏磁场模型的建立是符合现实规律的，这反映了断丝产生外部弱磁场的分布情况，并且这两种检测技术具备科学性和可复制性。

4.4.2 剩磁法与非饱和磁激励法信号对比

将非饱和磁激励信号与基于铁磁性材料剩磁效应下的检测方法[20,21]采集到的缺陷信号进行对比实验。实验中使用的绳体样本和制作的缺陷样本与前面所述一致。而且基于铁磁性材料剩磁效应的检测方法所使用的检测阵列板和控制板与本书所制作的磁激励下检测装置一致。

对比图 3-22(b)和图 3-23(b)可以发现基于铁磁性材料剩磁原理的检测机理与基于非饱和磁激励下的检测机理对缺陷的敏感度相差不大，基本都能够将缺陷检测出来，但是两者所测信号有较大差距。首先，剩磁法所测量的表面磁场信号中，通道间的信噪比较低，例如，图 3-22(b)中的第 10 通道及其附近通道，其波动噪声大，实验中我们更换了传感器后依旧如此，相反，在非饱和磁激励下钢丝绳表面检测所得磁场信号的通道间经去除基线处理后噪声比较均衡，并且噪声幅值低，信噪比高；此外，对比两种检测方法对周向磁场分布的敏感度也是不一样的，在最大缺陷处，剩磁检测方法中传感器能感应到的漏磁场通道数最多为 4 个，而非饱和磁激励下对钢丝绳缺陷周向检测分辨率最高可以达到 11 个，其数量已经超过了一般的检测装置。

由于实验测量是阵列信号，因此在考虑信号的信噪比时，单通道的信噪比不符合实际应用，由于通道间的噪声对于定位提取缺陷有很大影响，因此，本书将所有通道信号加在一起，形成一个磁通和信号如图 4-13 所示。

对磁通和信号求信噪比如下：

$$SNR = 20\lg\left(\frac{VS_{P_{max}}}{VN_{P_{max}}}\right) \tag{4-43}$$

其中，$VS_{P_{max}}$ 表示磁通和信号中缺陷的最大峰峰值；$VN_{P_{max}}$ 是磁通和信号的噪声最大峰峰值。对比两种检测方式，小缺陷的可测性从图 3-22(b) 和图 3-23(b)中的磨损检测结果即可看出，剩磁方法很难有效检测出磨损缺陷，而采用本书改进的检测方式可以很容易地提取出制作的磨损缺陷。此外，两种检测方式的另一区别在于获取的阵列信号中周向信息的含量，对比 4 号样绳中一处 3 集中小间距断丝缺陷的周向磁场分布获取情况可以发现，本书提出的非饱和磁激励检测方法对磁场周向分布获取的幅值更大，周向捕获到缺陷的通道数更多，优点在于对小缺陷和较大的缺陷进行区别时可以提供更多差别信息。

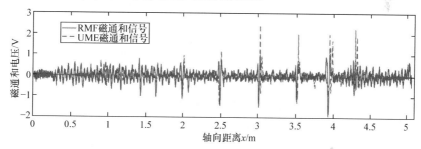

图 4-13　两种检测方式的磁通和曲线

方差可以用来度量各均衡化通道数据偏离程度，从统计学讲，方差越小，说明数据越集中，由于本书实验中对缺陷的制作集中于钢丝绳同一轴线上，因此，统计各通道的方差可以体现出通道数据偏离程度，从侧面体现出通道间的信噪比分布情况，对各个通道的均衡化数据求方差，其对比结果如图 4-14 所示。

结合信噪比定义，本书定义通道间干扰因子为有缺陷通道最大方差与无缺陷通道最大方差的比值，其意义在于，该值越大说明通道间噪声在阵列信号中的分布情况对缺陷信号的识别影响越大。

$$\delta = \frac{Var_{msignal}}{Var_{mnoise}} \tag{4-44}$$

其中，$Var_{msignal}$ 为有缺陷的通道最大方差；Var_{mnoise} 为无缺陷的通道最大方差。

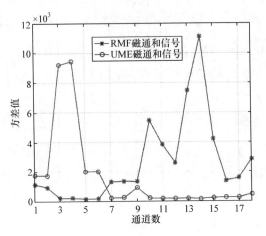

图 4-14　两种检测数据方差图

　　表 4-1 是本书中所提出的两种检测方式在对样本进行检测时所得到的检测结果性能对比。

表 4-1　两种信号性能对比

检测方式	干扰因子	磁通信噪比/dB	磨损缺陷	周向信息
RMF 检测	0.4913	4.4	较难	少
UME 检测	0.098	14.4	可测	多

4.5　本章小结

　　本章研究了钢丝绳弱磁信号中的系统噪声抑制算法,采用傅里叶变换分析了原始测量信号中的频率分布情况。结合实际测量环境和硬件条件,构建滤波系统算法流程,即首先去掉信号直流基线,然后进一步降噪的这一过程。本章首先介绍了钢丝绳弱磁信号的预处理算法研究,剔除信号中的野点,将变异检测点去除并替换为附近两点的均值以保持信号的连续性;然后改进了基于分段均值法的钢丝绳弱磁信号的基线估计方法,提出了一种基于压缩感知的剩磁信号深度降噪算法;最后对比了仿真数据与实验测量数据在经过预处理后的相似度,并对比了两种弱磁检测方法所获取信号的特性。

　　本章还介绍了小波多分辨率分析,将小波多分辨率分析方法引入钢丝绳弱磁信号的基线提取和降噪中,并结合压缩感知理论对信号的股波噪声和局部非均匀噪声进行抑制,该深度降噪算法利用小波变换中可以将信号转换为稀疏域,使其符合压缩感知理论的可压缩条件,从而在近似系数的小波系数中提取出最优缺陷信号小波系数,进而采用小波逆变换获得降噪后的钢丝绳剩磁信号。由于小波多分辨分析中对于小波的选择具有不定性,不同的小波函数获取的分解系数不同,甚至对信号的分解都将发生很大变化,这不利于保留缺陷信号特征,故本章进一步提出了采用 HHT 来提取信号中的直流分量和高频噪声,提高信号信噪比。该变换是基于信号自身特征进行自适应特征函数分解,对各个频段固有模态函数进行处理后可以恢复出均衡化后的阵列信号。最后,本章结合第 2 章对两种弱磁检测方法的仿真结果进行了对比实验,分析了不同情况下传感器对检测信号的影响,将仿真信号进行相似处理后进行相关系数求解,结果证明了模型和实验检测结果一致,通过定义磁通信号的信噪比和各个通道方差来度量两种检测信号的通道间性能和两种获取钢丝绳表面弱磁场二维分布特性,结果表明非饱和磁激励阵列信号经过预处理后具有更高的信噪比。

参 考 文 献

[1] Zhang D L, Zhao M, Zhou Z H. Quantitative inspection of wire rope discontinuities using magnetic flux leakage imaging[J]. Materials Evaluation, 2012, 70(7): 872-878.

[2] Zhang D L, Zhao M, Zhou Z H, et al. Characterization of wire rope defects with gray level co-occurrence matrix of magnetic flux leakage images[J]. Journal of Nondestructive Evaluation, 2012, 32(1): 37-43.

[3] 曹青松, 周继惠, 李健, 等. 钢丝绳电磁检测信号的时空域理论分析[J]. 机械工程学报, 2013, 49(4): 13-19.

[4] Tian J, Wang H Y, Zhou J Y, et al. Study of pre-processing model of coal-mine hoist wire-rope fatigue damage signal[J]. International Journal of Mining Science and Technology, 2015, 25(6): 1017-1021.

[5] Wu D H, Su L X, Wang X H, et al. A novel non-destructive testing Method by measuring the change rate of magnetic flux leakage[J]. Journal of Nondestructive Evaluation, 2017, 36(2): 24.

[6] Mukherjee D, Saha S, Mukhopadhyay S. An adaptive channel equalization algorithm for MFL signal[J]. NDT & E International, 2012, 45(1): 111-119.

[7] Gonzalez R C, Woods R E. Digital Image Processing[M]. Beijing: Publishing House of Electronics Industry, 2010: 484-486.

[8] Huang N E, Shen Z, Long S R, et al. The empirical mode decomposition and the Hilbert spectrum for nonlinear and non-stationary time series analysis[J]. Proceedings of the Royal Society A Mathematical Physical & Engineering Sciences, 1998, 454(1971): 903-995.

[9] Wu Z H, Huang N E. Ensemble empirical mode decomposition: A noise-assisted data analysis method[J]. Advances in Adaptive Data Analysis, 2011, 1(1): 1-41.

[10] Li N Q, Li P. An improved algorithm based on EMD-wavelet for ECG signal de-noising[C]. International Joint Conference on Computational Sciences and Optimization, Sanga, 2009: 825-827.

[11] Li K Z, Cong S. State of the art and prospects of structured sensing matrices in compressed sensing[J]. Frontiers of Computer Science, 2015, 9(5): 665-677.

[12] Chen S, Donoho D. Basis pursuit[C]. Proceeding of the 28th Asilomar Conference on Signals, Systems and Computers, Pacific Grove, 1994: 41-44.

[13] Candès E J. The restricted isometry property and its implications for compressed sensing[J]. Comptes Rendus Mathematique, 2008, 346(9-10): 589-592.

[14] Li Z C, Deng Y, Huang H, et al. ECG signal compressed sensing using the wavelet tree model[C]. The 8th International Conference on BioMedical Engineering and Informatics (BMEI), Shenyang, 2015: 194-199.

[15] Zhu L, Zhu Y L, Mao H, et al. A new method for sparse signal denoising based on compressed sensing[C]. The Second International Symposium on Knowledge Acquisition and Modeling, Wuhan, 2009: 35-38.

[16] 程承, 潘泉, 王申龙, 等. 基于压缩感知理论的 MEMS 陀螺仪信号降噪研究[J]. 仪器仪表学报, 2012, 33(4): 769-773.

[17] Ravelomanantsoa A, Rabah H, Rouane A. Compressed sensing: A simple deterministic measurement matrix and a fast recovery algorithm[J]. IEEE Transactions on Instrumentation and Measurement, 2015, 64(12): 3405-3413.

[18] Li Y, Chi Y J, Huang C H, et al. Orthogonal matching pursuit on faulty circuits[J]. IEEE Transactions on Communications, 2015, 63(7): 2541-2554.

[19] Huang G X, Wang L. High-speed signal reconstruction for compressive sensing applications[J]. Journal of Signal Processing Systems, 2014, 81(3): 333-344.

[20] Zhang J W, Tan X J. Quantitative inspection of remanence of broken wire rope based on compressed sensing[J]. Sensors, 2016, 16(9): 1366.

[21] Zhang J W, Tan X J, Zheng P B. Non-destructive detection of wire rope discontinuities from residual magnetic field images using the Hilbert-Huang transform and compressed sensing[J]. Sensors, 2017, 17(3): 608.

第5章 钢丝绳弱磁图像处理与断丝缺陷特征提取

5.1 引　言

　　获取了钢丝绳弱磁阵列缺陷的高信噪比信号后，将其转换为磁图像，对缺陷的磁图像进一步分析提取出人工特征，有利于进行下一步的定量识别。对缺陷位置的确定，首先需要将阵列数据转换为灰度图像。在图像的特征提取中，为了保证特征具有一致性，需要对分散的缺陷图像进行处理，从而为特征的提取提供更多的缺陷细节信息。同时，缺陷图像的特征描述是降低图像识别输入维度、减少计算量最为常见和有效的手段，因此，针对不同的图像和目标的特征，选用不同的特征量会影响到最后对断丝数量的识别结果。本章主要将漏磁阵列数据转换为灰度图像，采用图像空间滤波器对缺陷图像进行进一步的空间滤波，使其在两个维度上具有较好的平滑性，为了突出缺陷图像中的缺陷技术细节，研究图像分辨率提升方法，分别采用样条基插值法和正则化超分辨率重建增强图像质量，将缺陷图像的周向和轴向采样空间间距对称化。本章最后对缺陷图像的区域特征、纹理特征和不变矩特征进行提取、筛选、组合，从而对不同断丝数量的缺陷图像进行降维向量描述，实现钢丝绳断丝数目的定量识别分析。

　　本章的主要内容是研究阵列数据中的灰度图像变换，并提出一种基于多帧图像的超分辨率非饱和磁激励图像重构方法，进而研究不同断丝数目下缺陷磁图像的分布情况。为了保证提取的特征对于不同断丝数目具有良好的线性区分性能，分析提取出图像区域内形态学特征、纹理特征和不变矩特征，根据不同的搭配组合，分别选择出适合剩磁图像和非饱和磁激励图像的特征向量，并提取所有断丝样本缺陷特征组合成样本空间作为后续定量识别中的网络训练和验证。

5.2　基于剩磁检测法的钢丝绳缺陷图像处理算法研究

5.2.1　阵列数据的图像转换

18 个通道的原始数据可转换成钢丝绳漏磁可视图像。数据在轴向是等间距采样的，因此，展开过程只需按照周向采集顺序来展开。如此将会获得一个 $M \times N$ 像素的矩阵，其中，M 是传感器数(本书为 18)，而 N 取决于采样脉冲，展开过程如图 5-1 所示。

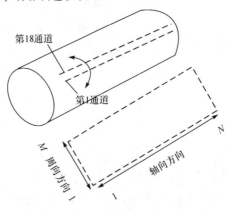

图 5-1　阵列数据展开图

将采集的表面漏磁数据转换为二维平面数据后需要将其灰度化，以变换为图像，进行后续处理。经逐个通道的信号降噪处理后获得一个均衡后的表面漏磁场数据，该阵列数据可以转换成一幅二维漏磁图像，其图像的灰度变换如下：

$$f(i, j) = L \cdot \left(\frac{f(x, y)}{N} \cdot \frac{V_s}{V_p} + 0.5 \right) \tag{5-1}$$

其中，L 是变换后的最大灰度值；$f(x, y)$ 是输入均衡阵列数据；N 是 ADC 最大量化值；V_s 是 ADC 最大采样电压；V_p 是经放大器放大后的巨磁阻传感器能够输出差分最大峰值电压；$f(i,j)$是输出的灰度图像。

5.2.2　钢丝绳剩磁缺陷图像形态学处理与缺陷定位

剩磁信号采用压缩感知进行降噪时，中间涉及较大矩阵计算，受制于实验计算机性能，将信号进行分段处理。该办法所带来的负面影响是在没有缺陷的信号中，贪婪算法依旧会求出一个最优解，该解恢复出的信号就是该段信号中幅度最强的股波。因此，为了抑制股波对缺陷的定位分割影响，本章使用图像处理技术来对其进行抑制。为了使图像周向平滑，本章在进行定位分割前使用平滑滤波器对图像进行处理。

图像经过阈值处理获得二值图像，图像形态学处理可以在剔除或保留二值图像中的局部突变点。从图像处理结果来看膨胀可以使得保留部分变宽大，而腐蚀的效果和膨胀刚好相反[1]。定义结构元素 b，其定义域为 D_b，二值图像 $f(i,j)$ 对结构元素 b 进行膨胀操作记为 $f \oplus b$，定义为

$$(f \oplus b)(i,j) = \max\{f(i-i', j-j') + b(i',j') | (i',j') \in D_b\} \quad (5\text{-}2)$$

通过式(5-2)对图像 $f(i,j)$ 实现了空间卷积处理。结构元素在图像空间中平移旋转，与图像值相加形成最大值，然后保留最大的相加值，因此，膨胀可以将二值图像中的目标区域扩展到所需要缺陷图像的轴向长度。

根据膨胀的定义，腐蚀的功能与其相反，因此，腐蚀记为 $f \ominus b$，定义为

$$(f \ominus b)(i,j) = \min\{f(i+i', j+j') - b(i',j') | (i',j') \in D_b\} \quad (5\text{-}3)$$

其中，b 为结构元素，其定义域为 D_b，与膨胀操作类似，腐蚀将结构元素模板平移到图像所有位置，在每次平移后数值相减都会产生最小值，将最小值保留给图像，由此，可将目标区域变小，甚至剔除。

经过膨胀和腐蚀操作后的二值图像中保留的目标区域为剩磁变化较大的区域，将二值图像对轴向进行求和投影，可以得到钢丝绳整体变化直方曲线，从而可根据该曲线判断缺陷的位置，进行分割提取缺陷图像。

图 5-2 是一个处理后的投影图和滤波数据平面展开图，对比发现二值投影图较好地完成了对钢丝绳的轴向定位。

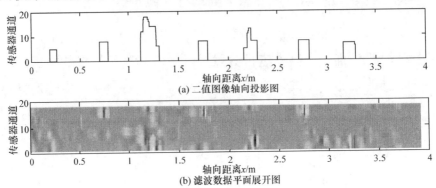

(a) 二值图像轴向投影图

(b) 滤波数据平面展开图

图 5-2　二值投影图像与滤波数据平面展开图

5.2.3　缺陷图像的归一化与分辨率提升

二值图像经过形态学处理后，将其求和投影到轴向，得到了钢丝绳轴向缺陷幅值波动曲线，通过对该曲线非零值判断可以得到缺陷的轴向位置。由于钢丝绳的缺陷平面是按照传感器标号展开的，所以局部图像的极值点并不一定在图像的中心。为保证在后续特征提取中，图像中心相似，需要对图像进行平移归一化操作。实验测量发现制作的钢丝绳断丝最大间距约为 2cm，计算出缺陷采集的最大点数约为 63 个。传感器灵敏度高，实际中对缺陷信号的采样长度是大于 63 个的，因此本章选取分割后的缺陷数据长度为 200 个，以保证能够完全分割出局部缺陷图像。

定位得到目标区域图像，对缺陷进行提取的步骤如下[2]。

(1) 依据定位目标区域内的局部模最大值 $f_{|\text{max}|}$ 的坐标 (i_c, j_c)，并以 (i_c, j_c) 为缺陷轴向中心。

(2) 目标区域内的缺陷图像 g 可表示为

$$g(i,j) = \{g(i,j) \mid i \in [i_c - 99, i_c + 100], j_c \in [0, N-1]\} \tag{5-4}$$

其中，N 表示传感器通道数。

(3) 判断 j_c，当 $j_c < N/2$ 时，需要对 $g(i,j)$ 进行如下平移：

$$\begin{cases} g(i,j+N/2-j_c)=g(i,j), & 0 \leqslant j \leqslant N-j_c-1 \\ g(i,j-N+j_c)=g(i,j), & N-j_c \leqslant j \leqslant N-1 \end{cases} \quad (5\text{-}5)$$

当 $j_c > N/2$ 时，需要对图像 $g(i,j)$ 进行如下平移：

$$\begin{cases} g(i,j+j_c-N/2)=g(i,j), & 0 \leqslant j \leqslant j_c-N/2 \\ g(i,j-j_c+N/2)=g(i,j), & j_c-N/2 < j \leqslant N-1 \end{cases} \quad (5\text{-}6)$$

完成以上平移操作后，处于图像边缘的缺陷以中心为缺陷极值点的形式展开成剩磁图像。由于实验中被测钢丝绳直径不同，导致不同绳体同类断丝缺陷的幅值不一样，为了消除这种影响，本章对制作在同一绳上的缺陷幅值采用式(5-7)进行归一化：

$$g(i,j)=255(g(i,j)-g_{\min})/(g_{\max}-g_{\min}) \quad (5\text{-}7)$$

其中，$g_{\min}$ 表示同一绳上缺陷的最小值；$g_{\max}$ 表示同一绳上缺陷的最大值。为了方便后续对缺陷图像进行灰度图像特征提取，将幅值归一化至 0~255。

本章制作的传感器阵列板直径为 50mm，周向分布传感器数量只有18 个，因此，获得缺陷图像周向分辨率为 18，周向的磁场空间分布采样分辨率较低，不利于人工特征提取。为了提高图像的平滑度和分辨率，本章采用三次样条基对数据的周向进行插值。插值中以角度为刻度，因此，每两个传感器之间的角度值为 20°，将分辨率提高至 200，则每两个点之间的角度值为 1.8°。图 5-3 是部分断丝缺陷图像分辨率提高后的平面图，每个小图左半部分为钢丝绳断丝实物，右半部分对应为钢丝绳缺陷剩磁成像的灰度图。

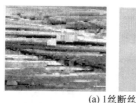

(a) 1 丝断丝

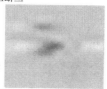

(b) 2 丝断丝

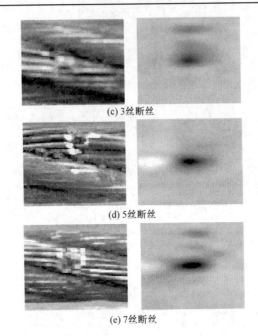

(c) 3丝断丝

(d) 5丝断丝

(e) 7丝断丝

图 5-3　钢丝绳断丝缺陷实物图(左)和钢丝绳缺陷剩磁成像的灰度图(右)

5.3　基于非饱和磁激励的钢丝绳断丝缺陷图像处理研究

由于获取的非饱和磁激励数据是轴向采样率高而周向采样率低的非对称图像,其轴向包含丰富的信息,并同时含有周向的可用信息,所以本章提出一种轴向下采样获取多帧图像并进行超分辨率重构高分辨率图像的策略。在进行超分辨率重建之前,首先,对数据进行转换、滤波,然后,对多帧数据的缺陷图像进行定位与提取,同时对图像进行中心归一化平移处理[3],最后,采用基于 Tikhonov 正则化的超分辨率[4]重建高分辨率缺陷漏磁图像。为进行定量识别实验,对缺陷的图像进行图像人工特征工程处理,筛选出对缺陷敏感的几个特征作为缺陷图像的描述。

5.3.1　钢丝绳多帧非饱和磁激励图像的获取

首先对于非饱和磁激励阵列预处理信号,也需要经过 5.2.1 小节相似的阵列数据到图像数据的转换后才能够获得相应的非饱和磁激励缺陷磁图像。但受传感器制造工艺限制，系统对钢丝绳周向的缺陷分布情况采样时远小于对轴向信号的采样。而在实际的信号高频率采集中，轴向极小领域内的电压变化极小，通常变化都是由 ADC 的量化误差造成的。但仪器在移动中难免会有周向的检测摇摆，测量获取的数据包含了周向分布信息，因此，可以通过对轴向高频率采样信号进行下采样，使其采样间隔和周向采样间隔相等。本章中轴向采样频率约为周向采样频率的 9 倍，因此，将轴向的数据进行间隔为 9 的下采样后可获得 9 帧表面漏磁图像。

根据信号的抽取，对于一离散信号 $x(n)$，令其抽样信号 $y(n)=x(Mn)$，若其满足 $f_s \geqslant 2Mf_c$，其中，f_s 是离散信号的采样频率，M 是抽样数，则 $y(n)$ 与 $x(n)$ 的离散傅里叶变换(DTFT)满足以下关系[5]：

$$Y(e^{jw}) = \frac{1}{M}\sum_{k=0}^{M-1} X(e^{j(w-2\pi k)/M})\tag{5-8}$$

由式(5-8)可以看出，下采样后的信号频谱被扩展 M 倍，再将其频谱在频率轴上移位 $2\pi/(Mk)(k=1,2,\cdots,M-1)$ 后叠加，幅值降低为 $1/M$，同时信号 $x(n)$ 与 $y(n)$ 具有等效性。图 5-4 为一缺陷原始采样的傅里叶变换和抽取后信号的幅频图，其中虚线是原始采样频率曲线，实线为抽取信号频率曲线，分别计算峰值出现的频率，其倍数刚好等于9，同时低频的缺陷信号(能量最大处)并没有发生混叠，可以判断出此时的采样频率依旧满足奈奎斯特采样定理。因此，可以看出对采集的轴向信号进行

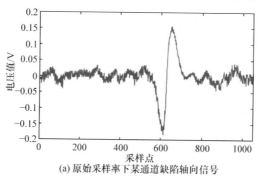

(a) 原始采样率下某通道缺陷轴向信号

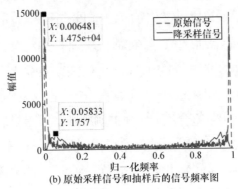

(b) 原始采样信号和抽样后的信号频率图

图 5-4 均衡信号的频率分布和降采样频率对比

9 次抽取后的低采样信号是同原始采样信号等效的，并没有发生失真和频谱混叠。

获取的 9 帧低分辨率图像中可能包含了一些点噪声、脉冲噪声以及股波噪声等，采用均值模板对这些噪声进行抑制处理，提高信噪比。为了利于后续对缺陷进行定位分割，首先，采用 3×3 的均值模板对图像进行滤波，然后，采用如下的图像二阶导数掩模对图像锐化处理，进而获取缺陷区域：

$$W = \begin{bmatrix} 0 & 1 & 0 \\ 1 & -4 & 1 \\ 0 & 1 & 0 \end{bmatrix} \tag{5-9}$$

将平滑滤波后的漏磁图像(图 5-5(a))减去掩模滤波结果获得了图 5-5(b)所示结果，可以明显地发现钢丝绳各处所制伤点。采用 Canny 边缘检测器对锐化后的图像进行缺陷边缘检测。对图像进行缺陷边缘检测后，缺陷区域可能并未能够完全连通，并且局部的波动较为强烈时会影响到缺陷边缘检测，因此，对边缘图像进行膨胀和腐蚀操作将缺陷区域完全连通并将边缘弱连接处腐蚀掉。采用的膨胀结构体元素是一个 3×3 全 1 模板，而腐蚀为 3×1 结构体元素。经过膨胀与腐蚀操作后，对缺陷区域的定位结果如图 5-5(c)所示。

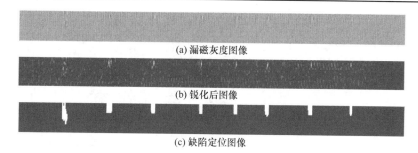

(a) 漏磁灰度图像

(b) 锐化后图像

(c) 缺陷定位图像

图 5-5　原始灰度图像、锐化和定位结果

5.3.2　钢丝绳缺陷非饱和磁激励图像分割与归一化

缺陷定位后需要对缺陷图像进行分割提取,本小节采用投影法来获取缺陷在两个维度上的位置信息。首先,将图 5-5(c)对横向进行求和投影,将投影后的曲线进行二值化后求导,导数为正处是缺陷轴向的起始处,导数为负处是缺陷的结束位置。这样提取出了缺陷疑似区域,由于各个缺陷间的幅值不同,对缺陷的定位比较粗略,需要进一步精确定位。将获取的疑似区域求得极大值和极小值,将极值处平均轴向位置作为缺陷中间位置,提取出图像中间点轴向共 18 个像素点,这样每个缺陷可以获取 9 帧 18×18 像素的低采样率的漏磁图像。

由于缺陷的周向位置并不在同一轴线上,为了后续进行特征提取时保证特征具备一致性,必须将图像的周向中心归一化。本小节以第一帧低分辨率图像为基准,其所得轴向精确定位图像的中间点为 $(9, j_c)$,当 $j_c < 9$ 时进行如下操作:

$$\begin{cases} g(i, j + N/2 - j_c) = f(i, j), & 0 \leqslant j \leqslant N - j_c - 1 \\ g(i, j - N + j_c) = f(i, j), & N - j_c \leqslant j \leqslant N - 1 \end{cases} \tag{5-10}$$

当 $j_c > 9$ 时进行如下操作:

$$\begin{cases} g(i, j + j_c - N/2) = f(i, j), & 0 \leqslant j \leqslant j_c - N/2 \\ g(i, j - j_c + N/2) = f(i, j), & j_c - N/2 < j \leqslant N - 1 \end{cases} \tag{5-11}$$

当 $j_c = 9$ 时不做变换。其中, $f(i,j)$ 是平移前图像, $g(i,j)$ 是平移后中心归一化图像。以本小节所述 4 号样绳的第一处断丝为例,经过图像处理后的原始漏磁图像和9帧低分辨率图像分别如图5-6所示。

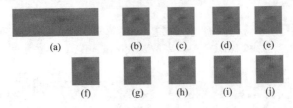

图 5-6　原始高分辨率图像与其构建的低分辨率图像

(a)为原始高分辨图像；(b)~(j)为抽样后的低分辨率图像

5.3.3　基于多帧图像的非饱和磁激励缺陷图像超分辨率重建

将每帧低分辨率图像进行中心归一化后，每个缺陷都获得了9帧低分辨率图像，这些图像对缺陷的表征具有互补性质，各自对轴向和周向都具有不同的细节信息，因此，考虑利用这些低分辨率图像重构出一幅周向和轴向分辨率都比较合适的图像来表征缺陷形态。图像的退化模型可以表述为

$$Y = DBX + E \tag{5-12}$$

其中，X、Y、E 分别表示原始高分辨率图像、低分辨率退化图像和加性噪声；B 为模糊卷积矩阵；D 为降采样矩阵，可将其写为 $W = DB$。对于该式由 Y 来重构出高分辨 X 是一个求解病态问题(不适定，ill-posed problem)，因其是一个解不存在或多解问题[4]。求解该类问题的一个经典办法是通过 Tikhonov 正则化，其核心是在保留原有数据的基础之上使求解满足先验的约束条件。正则化方式分为确定性正则化和随机性正则化两种。本小节采用确定性正则化方式将病态问题转化为良态可解问题。该方法通过最小化代价函数[4]：

$$\underset{X}{\arg\min} \|Y - WX\|^2 + \lambda \|CX\|^2 \tag{5-13}$$

其中，$\|Y - WX\|^2$ 是误差项；λ 是正则化参数，用以平衡误差项和高频能量关系；$\|CX\|^2$ 是惩罚项；而 C 是一高通滤波器(增强图像细节信息)。通常认为自然图像是有限平滑连续的，该条件作为式(5-13)凸函数的约

束条件进行迭代恢复，迭代过程如下[6]：

$$\hat{X}_{n+1} = \hat{X}_n - \alpha \sum_{k=1}^{P} c_k (W_k^{\mathrm{T}} W_k + \lambda_k C^{\mathrm{T}} C) \hat{X}_k - W_k^{\mathrm{T}} Y_k \qquad (5\text{-}14)$$

其中，α 为步长；c_k 为各帧图像权重系数；λ_k 为正则化参数；P 为图像帧数。基于 Tikhonov 正则化多帧图像超分辨率重构算法步骤如下。

第一步：计算图像间匹配参数。

首先，初始化仿射位移集合；

i 从 2 循环到 P(P 为低分辨率图像帧数)；

标记当前为第一帧，计算两帧图像每个灰度级的 Lucas-Kanade 像素特征。

第二步：划分图像网格，将基准图像像素插入网格内，基准图像进行样条插值模拟高分辨率图像。

第三步：基于 Tikhonov 正则化自适应超分辨率重建。

初始化迭代结果；

当 iter 小于 2000 或者 Variation 小于 10^{-4} 时，计算 $W^{\mathrm{T}} W \hat{X}_k$、$C^{\mathrm{T}} C \hat{X}_k$ 和 $W_k^{\mathrm{T}} Y_k$；

k 从 1 循环到 $P-1$；

迭代式(5-14)；

计算迭代能量变化 $\text{Variation} = \sum \sum (I - I_{\text{iter}-1})^2$；

iter 加 1；

若 iter 小于 2000 返回到第三步，迭代式(5-14)，若 iter 大于 2000，结束。

计算中为了减少计算量并没有完全选择文献[6]中给出的步长、各帧图像权重系数和正则化参数的计算规则，而是将步长参数固定选择为 0.2，各帧图像的权重系数取为 1，正则化参数取为 0.01。图 5-7 为经过 2 倍、3 倍和 4 倍分辨率重建后的该处缺陷图像。

观察三幅图像发现，在其他重建参数和输入低分辨率图像质量不变的情况下，重建分辨率过高的图像会出现锯齿现象，重构分辨率较低的图像的对比度较为明显,通过对比实验中三个重建图像的质量和重建时间选定重建分辨率倍数为 3 时获取的缺陷图像质量最佳,此时重构后的缺陷图像分辨率为 53 × 53 像素。

(a) 2倍分辨率重建　　(b) 3倍分辨率重建　　(c) 4倍分辨率重建

图 5-7　不同分辨率重建缺陷图像

5.4　基于弱磁成像的钢丝绳断丝缺陷特征提取研究

5.4.1　图像区域特征

经过以上处理之后,获取了局部缺陷漏磁高分辨率图像,提取图像几何特征和不变矩特征作为漏磁图像的识别特征。几何特征描述了目标基本形状,而不变矩特征是区域灰度分布的平均描述,它是由区域内的所有像素计算得来的且不易受到噪声影响。等效面积、长宽比、圆形度这些特征与区域内的形状有关但是对图像的强度不敏感,由于剩磁信号对于小缺陷的强度信息并不敏感,这些特征可以描述不同断丝缺陷成像的区域差别,这是有利于剩磁图像的识别和提高识别率的。

1. 图像形态基本描述

几何特征由简单的基本特征计算而来,如面积(S)、周长(L)、长轴(L_1)和短轴(L_2)。这些特征可以描述如下。

缺陷图像的面积如下:

$$S = \sum_{(x,y)\in \mathbf{R}} I \tag{5-15}$$

其中,$\mathbf{R}$ 是区域内所有点集合;S 是二值图像高像素值总和;I 是二值图像。

缺陷周长是区域外边界的总长度,通常定义为像素间的距离之和。

如果外边界像素数量为 n，它的链码 c_i 由 $c_1, c_2, \cdots, c_n$ 构成，则周长的计算如下：

$$L = \frac{\sqrt{2}+1}{2}n - \frac{\sqrt{2}+1}{2}\sum_{i=1}^{n}(-1)^{c_i} \tag{5-16}$$

其中，长轴 L_1 定义为区域外边界上最远的两像素间最大距离；而短轴 L_2 定义为垂直于 L_1 的最长直线，如图 5-8 所示。

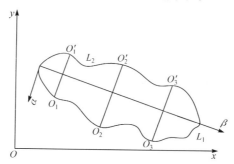

图 5-8　L_1 和 L_2 示意图

假定两个外边界上的随机点 $\alpha_1(x_1, y_1)$ 和 $\alpha_2(x_2, y_2)$ 垂直于该线的端点 $v_1(m_1, n_1)$ 和 $v_2(m_2, n_2)$。长轴 L_1 与短轴 L_2 计算如下：

$$\begin{cases} L_1 = \max(\sqrt{(x_1-x_2)^2 + (y_1-y_2)^2}) \\ L_2 = \max(\sqrt{(m_1-m_2)^2 + (n_1-n_2)^2}) \end{cases}, \quad (x_1-x_2)(m_1-m_2) + (y_1-y_2)(n_1-n_2) = 0$$

$$\tag{5-17}$$

2. 形状特征描述

由于钢丝绳的尺寸与检测提离距不同，同一检测装置检测到的缺陷面积、周长和长宽比也不相同，因此，基本的形状描述并不能很好地表示图像特征。由区域面积和周长之比的等效面积可以作为识别特征：

$$G = S/L \tag{5-18}$$

其中，等效面积 G 反映了单位周长所含的缺陷区域。如果缺陷的形状是一个圆，那么区域面积与周长的比最小。

长宽比定义为长轴 L_1 与短轴 L_2 之比:

$$F = L_1 / L_2 \tag{5-19}$$

长宽比反映了缺陷形状,它是圆形状边界的敏感特征。当缺陷形状接近圆形时,长轴和短轴几乎一致,即 F 的值接近 1。该比值越大,表明缺陷的形状越细长。

图像圆形度是基于面积和周长的测量区域形状复杂度的度量。其数学表达式如下:

$$e = 4\pi S / C^2 \tag{5-20}$$

其中,e 是缺陷圆形度;S 是面积;C 是周长。

当目标区域是半径为 r 的圆时,其面积 $S=\pi r^2$ 以及周长 $C=2\pi r$。那么它的圆形度 $e=1$。该特征反映了面积形状的复杂度。如果形状越接近圆,则 e 越大,且其最大值为 1;如果形状越复杂,则 e 越接近于 0。

5.4.2 图像纹理特征

图像的纹理特征可以描述区域特征,统计方法的纹理度量了图像的基本性质。物体的形状描述是图像识别的重要特征之一,而不变矩特征是对区域内灰度分布的统计平均描述,它是由该区域内所有点计算出来的,因此不易受影响,本小节选取统计方法的纹理特征[1]。

基于统计方法的图像纹理度量以图像的直方图为基础,描述直方图分布形状的主要方法是中心距[6],它被定义为

$$\mu_n = \sum_{i=0}^{L-1} (z_i - m)^n p(z_i) \tag{5-21}$$

其中,n 是矩的阶数;$p(z_i)$ 为归一化的直方图;L 是灰度级数 z_i 表示亮度的一个随机量;m 表示图像平均亮度,有

$$m = \sum_{i=0}^{L-1} z_i p(z_i) \tag{5-22}$$

那么,基于区域的亮度直方图可以定义六个纹理描绘子:平均亮度、平均对比度、相对平滑度、三阶矩、一致性以及熵。

平均亮度已由式(5-22)定义给出。

平均对比度定义为

$$\sigma = \sqrt{\mu_2(z)} = \sqrt{\sigma^2} \tag{5-23}$$

即图像的标准差,反映了图像的平均变化,可以看出二阶矩是图像的方差。

相对平滑度定义为

$$R = 1 - 1/(1+\sigma^2) \tag{5-24}$$

对于常亮度区域,R 等于 0;对于灰度级的值有着较大偏移的区域,R 等于 1。

三阶矩度量直方图的偏斜度:

$$\mu_3 = \sum_{i=0}^{L-1} (z_i - m)^3 p(z_i) \tag{5-25}$$

若直方图是对称的,该度量值为 0;若直方图向右偏斜,该度量值为正值;若直方图向左偏斜,该度量值为负值。

一致性定义为

$$U = \sum_{i=0}^{L-1} p^2(z_i) \tag{5-26}$$

当灰度值相等时,该度量值最大。

熵定义为

$$e = -\sum_{i=0}^{L-1} p(z_i) \log_2 p(z_i) \tag{5-27}$$

它度量了灰度的随机性。

5.4.3　图像不变矩特征

图像不变矩特征是建立在对目标区域内部灰度值分布的统计分析基础上,是一种平均统计描述,它从全局观点描述了对象的整体特征,不易受到图像中噪声的影响,不因图像的平移、旋转以及比例尺度变化而改变。

对于数字图像的函数 $f(x,y)$，若分段连续，且平面上有有限个不为零的点，则它的各阶矩存在。$f(x,y)$ 的 $p+q$ 阶矩定义[7]为

$$m_{pq} = \sum_x \sum_y x^p y^q f(x,y) \tag{5-28}$$

中心矩[7]定义为

$$u_{pq} = \sum_x \sum_y (x-\bar{x})^p (y-\bar{y})^q f(x,y) \tag{5-29}$$

其中，$\bar{x} = m_{10}/m_{00}$，$\bar{y} = m_{01}/m_{00}$ 也是图像的重心坐标。通过这些表达式可以计算出图像的七阶不变矩[7]：

$$M_1 = u_{20} + u_{02} \tag{5-30}$$

$$M_2 = (u_{20} - u_{02})^2 + 4u_{11}^2 \tag{5-31}$$

$$M_3 = (u_{30} - 3u_{12})^2 + (3u_{21} + u_{03})^2 \tag{5-32}$$

$$M_4 = (u_{30} + u_{12})^2 + (u_{21} + u_{03})^2 \tag{5-33}$$

$$M_5 = (u_{30} - 3u_{12})(u_{12} + u_{30})[(u_{30} + u_{12})^2 - 3(u_{21} + u_{03})^2] \\ + (3u_{21} - u_{03})(u_{21} + u_{03})[3(u_{30} + u_{12})^2 - (u_{21} + u_{03})^2] \tag{5-34}$$

$$M_6 = (u_{20} + u_{02})[(u_{30} + u_{12})^2 - (u_{21} + u_{03})^2] \\ + 4u_{11}(u_{30} + u_{12})(u_{21} + u_{03}) \tag{5-35}$$

$$M_7 = (3u_{21} - u_{03})(u_{30} + u_{21})[(u_{30} + u_{12})^2 - 3(u_{21} - u_{03})^2] \\ + (3u_{12} - u_{30})(u_{21} + u_{03})[3(u_{30} + u_{12})^2 + (u_{21} + u_{03})^2] \tag{5-36}$$

5.5　本章小结

本章研究了钢丝绳弱磁信号的图像处理技术，包括对于钢丝绳剩磁和非饱和磁激励下的断丝缺陷成像技术研究，介绍了由阵列信号到成像图像之间的变换。首先，分别研究了适合于两种检测技术的图像处理技术：对于剩磁检测阵列信号，将获取的缺陷图像进行形态学处理，采用

局部模极大值法对缺陷的中心位置进行定位,根据实际信号的轴向波形宽度选取图像大小进行缺陷精确位置定位与提取,同时为了有利于后续进行图像特征提取,将图像进行周向插值以提升分辨率;对于非饱和磁激励下的检测信号,由于其信噪比和通道间波动噪声小,本章使用深度降噪算法对其进行滤波降噪,量化噪声经过图像转换之后幅值较小,频率高,因此,对非饱和磁激励图像采用了空间滤波器来平滑图像。然后,提出了一种基于 Tikhonov 正则化的多帧非饱和磁激励缺陷图像超分辨率重建算法,将轴向与周向等间距采样图像进行了分辨率提升,增强了图像细节,有利于提供更多的图像有用信息。最后,根据两种不同检测方式所产生的缺陷特点,对剩磁图像提出以区域特征为主;非饱和磁激励信号对不同断丝缺陷所产生的信号幅值具有较好可分性的幅值响应,因此,采用基于全局图像统计的纹理特征用来描述非饱和磁激励断丝成像;图像的不变矩特征不受图像平移、伸缩和旋转影响,对由不同提离距所造成的图像目标物距变化但内容相似的图像具有较好的描述能力,因此,引入了七阶不变矩用于钢丝绳弱磁断丝成像的降维描述。

参 考 文 献

[1] Gonzalez R C, Woods R E, Eddins S L. Digital Image Processing Using MATLAB[M]. Upper Saddle River: Pearson/Prentice Hall, 2007: 197-199.

[2] 赵敏. 钢丝绳局部缺陷漏磁定量检测关键技术研究[D]. 哈尔滨: 哈尔滨工业大学, 2012: 10-47.

[3] Zhang J W, Tan X J, Zheng P B. Non-destructive detection of wire rope discontinuities from residual magnetic field images using the Hilbert-Huang transform and compressed sensing[J]. Sensors, 2017, 17(3): 608.

[4] He H, Kondi L P. An image super-resolution algorithm for different error levels per frame[J]. IEEE Transactions on Image Processing, 2006, 15(3): 592-603.

[5] 胡广书. 数字信号处理导论[M]. 北京: 清华大学出版社, 2013: 1-364.

[6] Zheng X F, Tang B, Gao Z, et al. Study on image retrieval based on image texture and color statistical projection[J]. Neurocomputing, 2016, 215: 217-224.

[7] Zeng J L, Zou Y R, Du D, et al. Research on visual weld trace detection method based on invariant moment features[C]. International Conference on Robotic Welding, Intelligence and Automation, Shanghai, 2015: 239-248.

第6章 钢丝绳断丝缺陷的定量识别技术研究

6.1 引 言

经过前期处理后，获得了不同断丝数目下缺陷图像特征描述，对剩磁图像选用了区域特征和不变矩特征，而对非饱和磁激励图像选用纹理特征和不变矩特征进行目标特征描述。本章主要研究实现钢丝绳弱磁断丝缺陷图像的定量识别。钢丝绳不同类型缺陷的定量识别是一个复杂问题，而识别出钢丝绳缺陷的断丝数目是模式识别范畴。目前已有的模式识别技术包括统计模式识别、结构模式识别、模糊模式识别和人工神经网络。其中，人工神经网络是几种模式识别方式中应用最为广泛也是最重要的方法之一，相比较于其他几种方法具有以下几点优势：①训练精度高，收敛快；②网络节点少，计算量小；③自适应能力量，泛化性能强。因此，本章选用人工神经网络中的相关算法实现钢丝绳断丝缺陷数量的定量识别研究。

本章研究两种神经网络在钢丝绳弱磁断丝识别技术中的应用，分别设计 BP 神经网络和 RBF 神经网络进行识别研究，通过对比剩磁断丝数据后发现 RBF 神经网络对识别钢丝绳弱磁信号具有更好的泛化性能和更优结果，因而，继续采用该网络设计方法对非饱和磁激励图像进行定量识别研究，以取得更高的识别精度和更可靠的识别结果。

6.2 基于 BP 神经网络的剩磁识别技术研究

BP 神经网络是一种按照误差逆向传播算法训练的多层前馈网络，BP 神经网络算法是在 BP 神经网络现有算法的基础上提出的，通过选取任意一组权值，将给定的目标输出直接作为线性方程对的代数和来建立线性方程组,解得待求权,具有收敛速度快、无局部最小值的优点[1]。图 6-1 为钢丝绳剩磁检测法的定量识别过程。

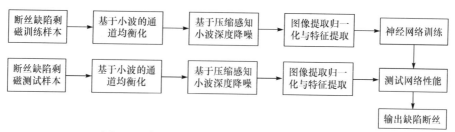

图 6-1　钢丝绳剩磁检测法的定量识别过程

6.2.1　断丝剩磁图像识别 BP 神经网络设计

本小节在实验室条件下切割制作了 6 种不同断丝数目且不同损伤程度的断丝缺陷:从 1 根断丝到 5 根断丝和 7 根断丝,每种断丝又分为三种损伤程度,包括小间距断丝(断丝间距小于 3mm)、翘丝(断丝间口上翘不超过 1cm 并不低于 3mm)和大间距断丝(断丝间距不低于 1cm)三个等级,共计 18 种不同情况下的标准断丝缺陷。根据国家出台的钢丝绳报废标准,对于钢丝绳集中断丝数目超过一定数量的应该予以报废,其断丝间距和断丝损伤程度并不作为参考标准,而以集中断丝数目为报废依据,因此,研究中以钢丝绳断丝的数目作为网络输出的目标值。对于剩磁检测定量识别实验选用了四种不同结构的钢丝绳:9×19、6×36、6×37 和 7×27,其直径分别为 22mm、25mm、28mm、30m、31mm、32mm 和 34mm,不同的钢丝绳直径反映出本书设计检测装置灵敏度较高,可以对多种钢丝绳进行有效检测,证明该装置具有一定的通用性能。为了克服不同直径下检测提离距变化大而带来的检测波形变化较大的问题(通过第 2 章仿真结果也能得出该结论),采用断丝百分比作为目标识别值,该值为断丝数目除以钢丝绳的横截面上总钢丝数目,即输出为断丝数目的百分比。

一个 3 层的前向神经网络可以逼近任意非线性函数,为了能够获得很好的训练精度和网络识别性能,BP 神经网络的层数设定为 3,其结构包括 1 个输入层、1 个隐含层和 1 个输出层。设计的网络输入向量为提取的区域描述特征和七阶不变矩特征,选用"tansig"函数作为隐含层传递函数,"logsig"函数作为输出层传递函数。设输入向量为 $\boldsymbol{x} = [x_1, x_2, \cdots, x_n]^T$,神经元权值为 $\boldsymbol{w}$,输出神经元为 o,则设计的神经网络层与层之间的传递关系结构图如图 6-2 所示,表 6-1 为部分断丝缺陷提取出的特征向量表。

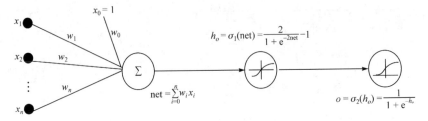

图 6-2　神经网络层与层之间的传递关系结构图

表 6-1　部分断丝缺陷特征向量表

断丝数	G	F	e	Φ_1	Φ_2	Φ_3	Φ_4	Φ_5	Φ_6	Φ_7
1	4.22	0.864	0.647	6.69×10^{10}	4.48×10^{21}	2.88×10^{20}	2.35×10^{20}	4.02×10^{37}	-2.26×10^{28}	6.27×10^{39}
2	6.06	0.392	0.537	6.71×10^{10}	4.51×10^{21}	2.66×10^{20}	2.36×10^{20}	-2.76×10^{42}	-4.03×10^{29}	-1.24×10^{42}
3	11.9	0.935	0.623	6.70×10^{10}	4.49×10^{21}	7.26×10^{21}	2.57×10^{21}	3.83×10^{42}	2.51×10^{28}	-4.9×10^{42}
4	19.6	1.150	0.642	6.58×10^{10}	4.32×10^{21}	2.11×10^{21}	1.51×10^{21}	-2.01×10^{43}	-6.24×10^{30}	3.15×10^{43}
5	7.15	0.364	0.499	6.58×10^{10}	4.33×10^{21}	5.52×10^{21}	5.62×10^{21}	-1.19×10^{44}	-7.64×10^{30}	-7.68×10^{42}
7	1.64	0.811	0.592	6.65×10^{10}	4.42×10^{21}	6.67×10^{21}	4.95×10^{21}	-3.16×10^{43}	7.42×10^{29}	-9.84×10^{43}

　　网络的隐含层结构不同,其迭代的次数和训练时间变化较大,增加隐含层数将会极大地增加网络的训练时间。同时,隐含层节点个数过多也会导致网络计算量增加且具有过拟合风险。参考神经网络设计经验,较好的网络结构中隐含层节点个数有其参考值,该值为输入个数和输出数量和的平方根。首先,设计该参考值下的神经网络,利用测试空间样本对网络进行测试识别,然后,依次增加网络节点个数,直到在一定区间内网络的测试识别率达到最大值,则确定了该网络隐含层节点个数。

本章所设计的 BP 神经网络具有最好的识别性能是在隐含层节点个数为 21 时。设计出的 BP 神经网络拓扑结构如图 6-3 所示。

采用最速下降梯度法最小化目标输出值和网络输出值的误差平方以及批量学习方式，即可确定各个神经元的权值和阈值等参数，因此，图 6-3 中的输出误差 E 定义为

$$E = \frac{1}{2} \sum_{d \in D} (t_d - o_d)^2 \tag{6-1}$$

其中，d 为训练样本集合中的第 d 个训练样本；t_d 为第 d 个训练样本的输出目标值；o_d 为第 d 个训练样本的输出值。

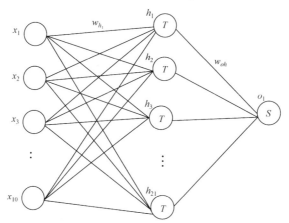

图 6-3　BP 神经网络拓扑结构

6.2.2　BP 神经网络剩磁识别结果

本章中网络的输出目标是断丝数目的百分比。例如，一个结构为 9×19 的钢丝绳有一处 3 断丝集中断丝缺陷，其输出目标为 0.0175。为了避免特征数据较大引起迭代速度慢、收敛慢，缺陷特征向量需要归一在[0,1]。实验中，选用四种不同结构的钢丝绳：9×19、6×36、6×37 和 7×27，其直径分别为 22mm、25mm、28mm、30mm、31mm、32mm 和 34mm。

该次实验中一共制作了 105 个不同的断丝缺陷标准样本用于以剩磁检测方式进行实验数据测量和识别实验。随机地选取这些缺陷中的 55 个作为训练样本，其余数据作为测试样本。采用 MATLAB 建立神经网络，将 BP 神经网络的训练误差设置足够低使得网络收敛性强，网络

学习算法采用最速下降梯度法，学习算法收敛速度快，可以较好地避免局部最优问题。不同神经网络隐含层节点个数的识别率也不同，部分不同节点识别结果如图 6-4 所示。

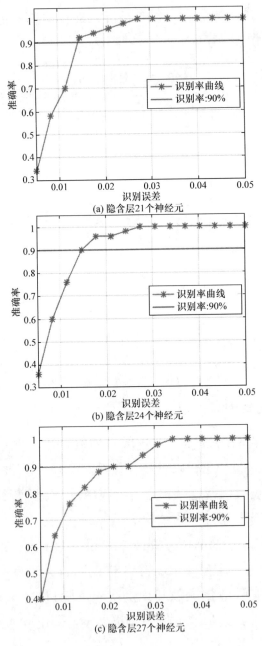

(a) 隐含层21个神经元

(b) 隐含层24个神经元

(c) 隐含层27个神经元

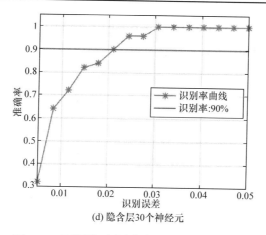

(d) 隐含层30个神经元

图 6-4　不同隐含层节点个数识别率曲线

表 6-2 为训练结果和测试样本断丝数百分比识别结果。不同的隐含层结构，其迭代的次数和训练时间不同，BP 神经网络在隐含层节点个数为 21 时具有最好的识别性能，此时训练样本的最大训练误差为 1.353%，而测试样本实验结果在允许识别误差为 1.353%时，准确分类识别率可高达 94%，但其最大识别误差不超过 2.701%。

表 6-2　训练结果和测试样本断丝数识别结果

隐含层节点	迭代次数	最大训练误差/%	最大测试误差/%	训练样本数
21	138	1.353	2.521	55
24	128	1.606	2.734	55
27	173	1.479	4.211	55
30	121	1.075	2.732	55

6.3　基于 RBF 神经网络的弱磁断丝图像识别技术研究

RBF[1-3]神经网络相比于 BP 神经网络具有更好的学习收敛速度，其局部逼近性能优于 BP 神经网络，这是因为输入空间的某个局部区域只有少数连接权值影响输出。因此，RBF 神经网络被成功应用于非线性函数逼近、时间序列分析、数据分类、模式识别、信息处理、图像处理、系统建模、控制和故障诊断中。

　　RBF 神经网络的基本思路是将一些线性不可分样本映射到高维度当中使问题变为线性的，其中，高斯函数就是一种常用的变换核函数。基本 RBF 神经网络的构成包括三层，即输入层、隐含层和输出层。其中，输入层由一些感知单元组成，它连接网络和外部数据；第二层通常是一个高维度的隐含层，它的作用是将输入层数据进行非线性变换；而输出层是线性的，它在高维数据空间中对数据进行曲线拟合，等价于在一个隐含的高维数据空间找到一个能够最佳拟合训练数据的曲面。RBF神经网络隐含层的激活距离函数的中心点确定以后，输入层与隐含层之间的映射关系也就确定了，它的输出是隐含层单元的线性加权和。RBF神经网络的隐含层节点的基函数采用距离函数(如欧氏距离)，并使用径向基函数(如高斯函数)作为激活函数。RBF 关于 n 维空间的一个中心点具有径向对称性，而且神经元的输入离该中心点越远，神经元的激活程度就越低。隐含层节点的这一特性也常被称为"局部特性"。

6.3.1　剩余磁场的 RBF 识别应用研究

　　实验共测量获得了 123 个断丝缺陷样本，断丝数目分别是 1、2、3、4、5、7，以及 3 种不同的断丝情况(小间距、大间距和翘丝)。将测量提取的钢丝绳剩磁图像样本经过周向的插值后提取出统计法的纹理特征和图像的七阶不变矩作为缺陷图像特征向量，提取出的部分缺陷样本的特征向量表如表 6-3 所示。

表 6-3　部分缺陷样本的特征向量表

特征向量	断丝数					
	1	2	3	4	5	7
m	102	254	231	164	251	174
σ	17.3	4.12	20	19.4	15.4	28.57
R	4.60×10^{-3}	2.61×10^{-4}	6.11×10^{-3}	5.73×10^{-3}	3.61×10^{-3}	1.24×10^{-2}
μ_3	−0.076	−0.009	−0.35	−0.112	−0.267	−0.549
U	0.023	0.947	0.071	0.02	0.758	0.068

续表

特征向量	断丝数					
	1	2	3	4	5	7
e	5.91	0.33	4.99	6.1	1.35	5.65
M_1	1.71×10^{-3}	5.66×10^{-4}	7.33×10^{-4}	1.04×10^{-3}	6.48×10^{-4}	1.01×10^{-3}
M_2	7.42×10^{-9}	1.89×10^{-11}	8.08×10^{-11}	1.72×10^{-10}	5.39×10^{-12}	3.18×10^{-10}
M_3	1.82×10^{-12}	6.70×10^{-15}	1.04×10^{-13}	6.27×10^{-13}	5.68×10^{-16}	4.22×10^{-15}
M_4	2.62×10^{-12}	8.36×10^{-15}	6.85×10^{-14}	1.08×10^{-12}	5.37×10^{-15}	1.50×10^{-13}
M_5	4.79×10^{-24}	2.60×10^{-29}	-5.03×10^{-27}	8.05×10^{-25}	9.31×10^{-30}	3.09×10^{-27}
M_6	1.95×10^{-15}	-1.14×10^{-18}	-2.39×10^{-17}	4.37×10^{-17}	1.49×10^{-18}	4.55×10^{-17}
M_7	-3.11×10^{-24}	5.68×10^{-29}	2.84×10^{-27}	3.69×10^{-25}	-9.77×10^{-31}	-2.19×10^{-27}

　　为了保证训练网络的泛化能力和识别性能，本章以约样本总数的 3/4 作为网络训练样本，即其中 91 个样本作为训练样本，其余 32 个作为测试样本进行识别实验。本章采用 MATLAB 中 RBF 工具箱中的 newpnn 函数来实现网络设计，该函数可以快速建立一个用于解决分类问题的 RBF 神经网络。网络第一层神经元数目等于输入向量个数，实验中为 13；距离函数作为变量的激活函数，第二层是没有阈值的竞争层，该层的输入是输入向量同样本向量之间的距离向量，通过竞争传递函数求出各个元素的概率，并使概率最大的元素对应输出为 1，否则输出为 0。设计 RBF 的传播速度为 0.115，网络隐含层节点个数采用自动优化策略，隐含层激活函数为 compet 函数，网络训练分类准确度达到了 96.7%，训练平均断丝误差为 0.0659 丝，训练时间约为 0.050212s，训练使用 12GHz 内存、Intel i5 处理器双核四线程笔记本电脑。使用训练网络进行识别测试，最大断丝误差为 5 丝，平均断丝误差为 0.7813 丝，2 丝误差识别率达到了 93.75%。表 6-4 为不同 RBF 传播速度下测试样本识别分类结果。

钢丝绳弱磁无损检测

表 6-4　测试样本识别分类结果

传播速度	最大断丝误差	平均断丝误差	训练准确度/%	2 丝误差识别率/%
0.05	5	1.25	100	78.13
0.115	5	0.0659	96.70	84.38
0.12	5	0.7813	95.60	93.75
0.15	5	1	86.81	87.50

　　图 6-5(a)为使用工具箱函数设计网络在传播速度为 0.12 时，网络的训练准确性能，图 6-5(b)是设计的该 RBF 神经网络识别结果的断丝误差图，由图 6-5(b)可以看出网络的识别性能较好，断丝的误差主要在 1 丝和 2 丝误差中，较大断丝误差的识别结果少。

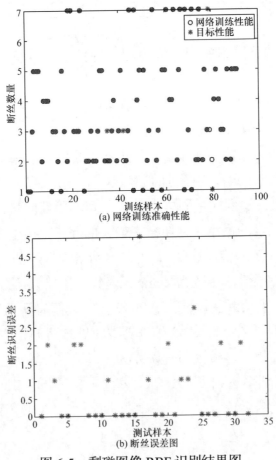

图 6-5　剩磁图像 RBF 识别结果图

6.3.2　非饱和磁场的 RBF 识别应用研究

实验测量中用非饱和磁激励方法获取了包括断丝、翘丝和大间距在内的三种断丝情况共计缺陷样本 281 个。为了使训练网络具有良好的泛化性和较高的识别精度，本小节中随机选取了 211 个缺陷样本特征作为网络训练样本集合，剩余的 70 个缺陷样本特征作为网络的性能测试样本集合。为了进一步提高钢丝绳非饱和磁激励下的磁成像断丝识别率，本小节首先提取了如 6.3.1 小节中一致的缺陷特征作为非饱和磁图像的特征向量进行识别实验，然后，采用控制变量法对缺陷的所有特征值进行逐个筛选实验，该过程将所有特征作为输入时获取的识别率取为初始值，然后进行以下步骤的特征筛选。

(1) 将人工选取的特征作为图像特征向量输入 x，采用工具箱进行 RBF 设计，选用训练样本空间数据进行训练，用剩余数据测量网络识别率，记为 γ_0。

(2) 去除第 i 个图像特征后进行第一步训练与识别实验，获得当前识别率 γ_1。

(3) 比较 γ_0 与 γ_1 的大小，若 γ_1 大，去除第 i 个特征；若 γ_1 小，则保留该特征。

(4) 若 i 小于向量原始长度，则返回第(2)步，否则完成筛选。

经过特征筛选后从统计纹理特征和不变矩特征中选取了对于非饱和磁图像断丝缺陷最为敏感的一组特征值作为非饱和磁激励缺陷的定量识别的输入，确定选用平均对比度、三阶矩、一致性和熵四个统计纹理特征以及七阶不变矩的奇数阶矩作为特征向量来进行定量识别，其中，不变矩的计算值较小，而我们所关心的是矩的不变性，因此，对其进行对数的绝对值求解，以缩小动态范围，同时不考虑负不变矩。提取的部分缺陷特征向量表如表 6-5 所示。

表 6-5　用于 UME 识别部分断丝缺陷的特征向量表

断丝数	特征向量							
	σ	μ_3	$U(\times 10^{-2})$	e	M_1	M_3	M_5	M_7
1	5.33	−7.11	6.1446	4.3744	6.6409	30.9157	57.4199	58.6916
2	9.08	77.47	5.0684	4.8489	6.6487	29.2743	55.5046	59.2687

续表

断丝数	特征向量							
	σ	μ_3	$U(\times 10^{-2})$	e	M_1	M_3	M_5	M_7
3	11.03	18.17	6.3782	4.7540	6.6390	30.5603	55.9229	57.8301
4	15.07	158.12	3.7091	5.4579	6.6519	28.0789	55.1216	53.8476
5	22.18	596.7	2.8029	5.9044	6.6520	28.0685	52.8666	52.6630
7	20.71	170.74	4.1813	5.6123	6.6389	27.8631	54.5276	52.9025

　　该部分依旧采用 MATLAB 工具箱中的 newnpp 函数设计网络，快速建立一个用于分类的 RBF 神经网络。设计的三层网络结构除了输入个数的不同，其余网络初始化结构同 6.3.1 小节中所述 RBF 神经网络结构一致。经过函数自动调节径向传播速度，设计的网络传播速度被确定为 0.145，网络隐含层节点个数采用自动优化策略，隐含层激活函数为 compet 函数，网络训练分类准确度达到了 95.26%，训练平均断丝误差为 0.0616 丝。使用测试样本集合对网络进行性能测试，最大断丝误差为 3 丝，平均断丝误差为 0.5429 丝，1 丝误差识别率达到了 91.43%。表 6-6 为不同径向基函数传播速度下测试样本识别分类结果。

表 6-6　不同径向基函数传播速度下测试样本识别分类结果

传播速度	最大断丝误差	平均断丝误差	训练准确度/%	1 丝误差识别率/%
0.11	4	0.6714	99.53	87.14
0.145	3	0.5429	95.26	91.43
0.18	3	0.5143	91.00	91.43
0.215	3	0.5	86.73	91.43

　　图 6-6 为设计 RBF 神经网络传播速度为 0.145 时，网络识别的断丝误差分布图，从图中可以看出误差绝大部分是 1 丝，而较大断丝识别误差的数量很少，因此，结合表 6-4 中对于不同传播速度下的测试样本集合的性能可以推断出该网络在一定识别允许误差下的识别结果是可靠的。

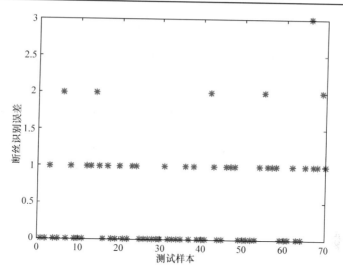

图 6-6 传播速度为 0.145 时网络识别断丝误差分布图

6.4 本 章 小 结

  本章研究了钢丝绳缺陷弱磁成像的断丝识别技术。首先，探讨采用了 BP 神经网络的剩磁缺陷图像识别方法。然后，对钢丝绳剩磁检测数据进行了基于 RBF 神经网络识别研究，并提取统计纹理特征，对用于 BP 神经网络中的区域描述特征进行替换，将 BP 神经网络的识别误差由 3 丝提高到了 2 丝，经过实验发现 RBF 神经网络对断丝数量的模式识别具有较好的识别精度和泛化性能。因此，对使用非饱和磁激励下所获得的数据提取 6 个图像纹理特征以及七阶不变矩，通过控制变量法，选择所提取的特征中对断丝缺陷最为敏感的特征作为最终非饱和磁图像的识别输入向量。实验结果表明，在一定的识别误差内，采用 BP 神经网络单输出模式对钢丝绳断丝进行百分比识别误差测试，识别率可达到 94%；而采用 RBF 神经网络对剩磁图像进行识别实验，在减小允许识别断丝误差的情况下，识别率达到 93.75%。在非饱和磁图像的识别中，通过筛选图像特征，建立相应的 RBF 神经网络进行识别测试，将识别的允许误差降低为 1 丝，进一步提高了识别精度，简化了网络结构和减少了计算量。

参 考 文 献

[1] 刘冰, 郭海霞. MATLAB 神经网络超级学习手册(工程软件应用精解)[M]. 北京: 人民邮电出版社, 2014.

[2] Zhang J W, Tan X J, Zheng P B. Non-destructive detection of wire rope discontinuities from residual magnetic field images using the Hilbert-Huang transform and compressed sensing[J]. Sensors, 2017, 17(3): 608.

[3] Cao Q S, Liu D, He Y H, et al. Nondestructive and quantitative evaluation of wire rope based on radial basis function neural network using eddy current inspection[J]. NDT & E International, 2012, 46: 7-13.